例題で学ぶ 構造力学 I
― 静 定 編 ―

工学博士 青木 徹彦 著

コロナ社

まえがき

　「構造力学」（土木系大学講義シリーズ）は，1986年の初版刊行以来，非常に多くの大学，高専等で教科書として使用していただき，若い世代に文化の伝承ができたと感謝している．この間，多くの大学で土木工学科から都市環境学科などへの名称変更があったが，構造力学そのものは，建設系学科の中心的基礎科目としてその重要性は変わっていない．とはいえ授業時間の短縮や，構造設計示方書における使用単位が重力単位系から国際単位系（SI）へ変更されたこと，また構造物の設計が限界状態や性能照査型設計法へ移行しつつあることなど，新しい時代への流れもある．

　本書は，当初から力学の基礎的事項を述べるにとどまらず，構造物の実際の挙動や破壊状態，限界状態を意識して書かれたため，いま読みなおしても古いという感じは持たないが，同書の中で学習効果が少ないと思われる，1) 第4章の静定ばりのモールの定理（共役ばり法），2) 第8章の内的不静定トラス，3) 第9章アーチのランガー桁の解法を削除した．代わりに，1) はりの内部応力状態の説明，2) はりの曲げモーメント，せん断力をロープ法により簡単に求める方法，3) トラスの部材力をはりの M，Q 図から一括して求める方法，4) 単位荷重法の物理的意味，5) 単位荷重法の簡単積分公式による解法，6) 傾斜部材を有するラーメンの解法などを新しく追加ないし書き直しを行い，「静定編」と「不静定編」の2分冊とした．1)〜5) は著者の知る限り，類書に見られない新しい内容であると思われる．例題や問題で与えた荷重等の単位の国際単位系（SI）への変更も行った．今まで多くの方からいただいた貴重な御意見は，その都度参考にして部分的書き直しを行ってきたが，今後も読者と著者が身近に意見交換できることを期待している．

　構造力学は土木技術者にとって最も重要な基礎的教科である．本書は学生諸君が実社会に入ってからも利用できるように書かれている．社会経済活動や人々の生活を支える構造物が，地震や津波，その他の外力によって破壊されないように，また機能的，経済的かつ美しい構造物を実現するために，ゆっくりとよく考えて，力学的センスを磨いていただきたい．本書がその契機になれば幸いである．

2015年 9月

青木　徹彦

国際単位系（SI）と重力単位系

　土木工学を初めとするわが国の工学分野では，従来から一般に重力単位系（荷重や力では kgf や tf）が用いられてきた。日常生活では，食料品，体重，乗用車などで，g，kg，ton が普通に用いられている（正確には "f" または "重" を付ける）。4℃の水の 1 cm^3 が 1 g，1 l で 1 kg，1 m^3 では 1 ton というのは明確でわかりやすい。しかし現在では，さまざまな基準の世界的な共通化の動きに対応して科学，工学の各分野で国際単位系（SI：Le Système International d'Unités）が採用されてきている。

　わが国の構造物の標準的な設計基準として用いられる道路橋設計示方書（平成 24 年版）でも，力や応力の単位がすでに SI 単位になっており，SI 単位を理解しておかないと構造物の設計もできない状況になった。そこで従来の重力単位系との違いを理解しておく必要がある。

　SI 単位の基本単位は一部に独自の名称をもつ単位はあるものの，ほとんどのものは従来の単位系と同じで，長さを m（メートル），時間を s（秒）とする（**表 1**，**表 2**）。両者のおもな違いは，重力単位系では**重量**〔kgf〕を基本単位に含めているのに対し，SI 単位では**質量**〔kg〕を基本単位として用いることである。重量は質量などを組み合わせた単位として表す（重量＝質量×重力の加速度）。

表1　おもな SI 基本単位

量	単位記号（名称）
長　さ	m（メートル）
質　量	kg（キログラム）
時　間	s（秒）
角　度	rad（ラジアン）

表2　おもな SI 接頭語

記号（名称）	倍　数
G（ギガ）	10^9
M（メガ）	10^6
K（キロ）	10^3
c（センチ）	10^{-2}
m（ミリ）	10^{-3}
μ（マイクロ）	10^{-6}

　物体の重量とは，その物体に働く重力の大きさであり，感覚的に質量よりもとらえやすい重量を基本単位に選んだのが重力単位系の考え方である。しかし，実用上ほとんど無視しうる差とはいえ，地球上では場所によって重力の大きさは異なり，また，無重力状態では物体が及ぼす力を表すには質量を考えざるを得ない。よって，宇宙ステーション構造物の設計では重力単位系は役に立たない。また地震工学などでは，構造物の質量 M を基本量とし，これに加速度 α を乗じた量 $M\alpha$ を力として用いるし，車が物体に衝突するときも車の質量と減速度（－加速度）の積が作用力となる。

　SI 固有の名称をもつ単位のうち力学に関係したものには，力を表すニュートン〔N〕や，応力

〔N/mm²〕・圧力を表すパスカル〔Pa〕がある。**1 N とは"質量 1 kg の物体に 1 m/s² の加速度運動を生じさせる力"**のことで，1 N＝1 kg・m/s² となる。地球上では重力の加速度は 9.8 m/s² であるから，1 N は 0.102 kg の質量の物体に地球の引力が作用するときの力である。ニュートン（英）はリンゴが落ちるのを見て，万有引力を発見したといわれるが，約 0.1 kg のリンゴを手の上において感じられる力が 1 N である。

逆に重力単位系で 1 kgf の荷重（作用力）は，SI 単位では 1 kg×9.8 m/s²＝9.8 kg・m/s²＝9.8 N ≒10 N となる。同様に積載量 20 tf の荷重とは，20×10³ kgf≒200×10³ N＝200 kN である。圧力の単位には，圧力に関するパスカル（仏）の原理で有名な科学者の名を用いているが（1 Pa＝1 N/m²），力学分野では，**応力**に対しては Pa を用いるよりも，cm²，mm² などの単位面積当たりの力（N，kN）を用いたほうが理解しやすく，部材断面積に応じた力の計算にも便利であるので，一般には N/mm² や kN/cm² が用いられる（**表 3**）。

鋼の弾性係数は E＝2.1×10⁶ kgf/cm² が長い間用いられてきたが，これを N/mm² で表すと 1 kgf → 9.8 N，1 cm² → 10² mm² とおいて，E＝2.1×10⁶×9.8/10² N/mm²＝2.058×10⁵ N/mm² となる。ここで 3% の誤差を許せば **$E=2.0\times10^5$ N/mm²** でよい。一般に，設計などで 2% の誤差が問題とされなければ 1 tf＝9.8 kN≒10 kN で計算してよい。

表3　固有の名称をもつ SI 単位（N, Pa）と重力単位

量	単位記号（名称）	重力単位
力 応力 圧力	1 N（＝1 kg・m/s²） 1 N/mm² 1 Pa（1 N/m²＝1 μN/mm²）	0.102 kgf（≒0.1 kgf） 10.2 kgf/cm² 0.102 kgf/m²
鋼の弾性係数	2.06×10⁵ N/mm²（≒**2.0×10⁵ N/mm²**）	2.1×10⁶ kgf/cm²
単位換算 （重力単位→SI 単位）	**1 kgf**＝9.806 N（**≒10 N**） **1 tf**＝9.8 kN（**≒10 kN**） 1 kgf/cm²＝9.806×10⁻² N/mm² 　　　（≒0.1 N/mm²）	

目　　次

第1章　序　　論

1.1　構造力学の内容 …………………………………………………………………… 1
1.2　構造物の理想化 …………………………………………………………………… 2
1.3　構　造　形　式 …………………………………………………………………… 3
1.4　作用力と荷重 ……………………………………………………………………… 5
1.5　構造物の製作過程と構造力学の役割 …………………………………………… 6
1.6　構造物に要求される条件 ………………………………………………………… 7
1.7　構造物の破壊形式 ………………………………………………………………… 8
1.8　生物に学ぶ構造力学 ……………………………………………………………… 10
Coffee Break ― 構造力学の基礎をつくった人々 ………………………………… 12

第2章　構造力学の基礎

2.1　力　の　性　質 …………………………………………………………………… 13
　　2.1.1　力の合成・分解　　13　｜　2.1.2　モーメント　　14
2.2　力のつりあい ……………………………………………………………………… 17
2.3　支　点　反　力 …………………………………………………………………… 19
2.4　断　面　力 ………………………………………………………………………… 21
2.5　構造物の支持形式 ………………………………………………………………… 23
2.6　応力とひずみ ……………………………………………………………………… 25
　　2.6.1　応　　力　　25　｜　2.6.5　構造材料の応力-ひずみ関係　　33
　　2.6.2　応力のつりあい式　　27　｜　2.6.6　一軸方向力を受ける部材の破壊と
　　2.6.3　変位とひずみ　　28　｜　　　　　応力状態　　35
　　2.6.4　弾性体の応力-ひずみ関係　　｜　2.6.7　二軸方向応力状態　　37
　　　　　（フックの法則）　　31　｜　2.6.8　平面応力状態　　39

第3章　静定トラス

3.1　トラス構造の特性と形式 ………………………………………………………… 45
　　3.1.1　トラス構造の特性　　45　｜　3.1.3　トラスの形式　　47
　　3.1.2　トラス部材の名称　　46　｜
3.2　トラスの解法 ……………………………………………………………………… 48
　　3.2.1　断　面　法　　48　｜　3.2.2　節点法（格点法）　　51

3.2.3　Kトラスの部材力　　　　　　　　　52

第4章　静　定　ば　り

4.1　静定ばりの形式 ·· 54
4.2　支　点　反　力 ·· 55
4.3　断面力（曲げモーメントとせん断力） ·· 56
　　　4.3.1　曲げモーメント，せん断力の定義　56　　4.3.4　張出しばり　　　　　　　　64
　　　4.3.2　単　純　ば　り　　　　　　　　58　　4.3.5　モーメント荷重が作用するはり　65
　　　4.3.3　片　持　ば　り　　　　　　　　63　　4.3.6　ゲルバーばり　　　　　　　　67
4.4　断面力と荷重の相互関係 ·· 68
4.5　ロープ法による曲げモーメント図の描き方（早い，簡単，きれい） ························· 71
　　　4.5.1　集中荷重を受ける単純支持ばりの　　　　4.5.2　分布荷重の作用する単純支持ばりの
　　　　　　M図はサルでも描く　　　　　72　　　　　　M図は洗濯ばあさんでも描く　74
　　　　　　　　　　　　　　　　　　　　　　　　4.5.3　片持ばりのM, Q図　　　　79
4.6　はりの内部応力 ·· 80
　　　4.6.1　はりの曲げ応力　　　　　　　　80　　4.6.3　はりのせん断応力分布　　　　85
　　　4.6.2　弾塑性曲げ挙動　　　　　　　　84
4.7　断面図形の性質 ·· 87
4.8　は　り　の　変　形 ·· 94
　　　4.8.1　微分方程式　　　　　　　　　　94　　4.8.2　温度差によるはりのたわみ　　97

第5章　影　　響　　線

5.1　移動荷重と影響線 ·· 99
5.2　静定ばりの影響線 ·· 99
　　　5.2.1　単純ばりの影響線　　　　　　　99　　5.2.3　張出しばりの影響線　　　　102
　　　5.2.2　片持ばりの影響線　　　　　　102　　5.2.4　ゲルバーばりの影響線　　　　104
5.3　移動荷重と最大曲げモーメント ··· 105
5.4　間　接　載　荷 ·· 107
5.5　単純トラス部材力の影響線 ·· 109
5.6　トラスの全部材力をはりのM, Q図から一括して求める ·· 111
Coffee Break ── 工学的近似の話 ··· 113

第6章　構造物の安定および静定・不静定

6.1　単一構造の安定性と静定性 ·· 114
6.2　複数部材からなる構造およびトラスの安定性と静定性 ·· 116
　　　6.2.1　全体的安定性　　　　　　　　116　　6.2.2　外的安定性と内的安定性　　　116

6.2.3　トラスの内的静定性 …………………… 117

6.3　アーチの静定性 ……………………………………………………………… 118
6.4　ラーメンの不静定次数 ………………………………………………………… 119
6.5　不静定構造物の特性 …………………………………………………………… 120

付　　　　録 ……………………………………………………………………… 123
参　考　文　献 ……………………………………………………………………… 126
問　の　略　解 ……………………………………………………………………… 127
索　　　　引 ……………………………………………………………………… 132

「例題で学ぶ 構造力学Ⅱ ── 不静定編 ──」

主要目次

第7章　構造解析の基本原理
　7.1　線形構造と非線形構造
　7.2　エネルギー保存の原理
　7.3　外力仕事とひずみエネルギー
　7.4　仮想仕事の原理
　7.5　単位荷重法
　7.6　カスチリアノの定理
　7.7　相反定理
　7.8　最小エネルギーの原理
　7.9　エネルギー原理による近似解法
　7.10　エネルギー原理のまとめ

第8章　不静定ばりおよび不静定トラス
　8.1　不静定構造の解法
　8.2　不静定力法の基本原理
　8.3　不静定力法の応用
　8.4　不静定トラス
　8.5　影響線

第9章　アーチ
　9.1　アーチの特性と種類
　9.2　アーチの形状と基本力学
　9.3　アーチの変位

　9.4　3ヒンジアーチ
　9.5　2ヒンジアーチ
　9.6　固定アーチ
　9.7　タイド・アーチおよび補剛アーチ

第10章　ラーメン構造
　10.1　概　　説
　10.2　たわみ角法
　10.3　たわみ角法によるラーメンの解法
　10.4　3連モーメントの定理

第11章　柱の座屈
　11.1　座屈現象
　11.2　中心軸圧縮柱
　11.3　初期不整のある弾性柱
　11.4　エネルギー法の応用
　11.5　非弾性柱

第12章　板構造
　12.1　概　　説
　12.2　等方性平板
　12.3　直交異方性平板

（本文中の♠マークはⅡ巻 ── 不静定編 ── を参照している箇所を表す。）

第1章 序論

1.1 構造力学の内容

構造力学（structural mechanics）は各種の構造物の力学的特性を知り，それらを安全に設計し，建設するための基礎となる学問である。

現代の構造物には各種の橋，建物のほか，鉄道や道路の高架構造，トンネルその他の交通施設，空港や港湾構造物などの運輸施設，さらにはダム，発電所，送電鉄塔，石油貯蔵タンクなどのエネルギー関係施設などがある。このほかにも送受信アンテナなどの通信システム用施設，上下水道等に必要な生活関連施設も含まれている（**図1.1**, **図1.2**）。いうまでもなく，これらはすべて今日の社会経済活動を支えるうえできわめて重要な役割を果たしているため，破損などによる構造物の機能停止は社会に重大な影響を及ぼす。したがって，現代の構造物にはその機能を確実に果たすための十分な安全性と信頼性が以前にも増して要求されている。

図1.1　トゥインブリッジ（イタリア）　　図1.2　通信用鉄塔（長久手市）

構造物の基本的な役割は外力を支えることである。すなわち，作用外力と構造物自身の重さをいかに合理的に基礎地盤に伝えるかが主要な課題となる。構造力学では初めに外力に対して構造物の各部にどれほどの力が生じているかを力のつりあいから学ぶ。部材内部の力がわかれば，その構造が破壊するか，または安全度の余裕はどれほどかを判断することができる。

構造物の剛性や変形量を知ることも構造力学の重要な問題の一つである。過大な変形は使用に障害を生ずる場合があり，橋梁などでは設計示方書に制限値が設けられている。さらに，少し複雑な構造物では力のつりあい式だけからでは物体内部の力が求められず，ある点の変形量を計算したうえで，変形の条件式から未知の力を求める。今日，コンピュータにより一般的な構造解析を行う場合も計算過程の主要部分は変形量を求めることに費やされる。

構造物には，それぞれの目的に応じてさまざまな形状，大きさがある。構造力学を学ぶことによって，代表的な構造形式に対していくつかの解法を修得する。また，部材力や変形量を求める過程を通して，構造形式ごとの力学的特性を理解することができる。

構造力学の教科書をめくると，力学に関するさまざまな考え方や定理，原理が現れる。その多くは力学の最も基礎的かつ一般的な内容について述べられているので，これらの意味や考え方を十分に理解することは，単に構造力学に強くなるばかりではなく，土質力学，水理学など，土木工学のほかの分野の原理や法則を理解するうえにも大いに役立つ。

以上，構造力学の内容をかいつまんで述べたが，建設技術者は構造物を建設するうえで力学的センスを身につける必要があり，構造力学とはその基礎を養う学問であるということを認識されたい。

1.2 構造物の理想化

構造力学に限らず，工学とは一般に"理論を形あるものに実現するための近似である"といえる。いいかえれば，現実の複雑な現象をその本質を失わないでいかに単純化し，実用のために取扱いやすくするかが工学における重要な課題である。

構造力学を用いて外力を受ける構造物内に生じる力や変形を調べるとき，従来から行われている単純化には主として次のような項目がある。このような仮定は実際の構造物を設計するときにも一般的に用いられており，設計細目ではさらに多くの単純化がなされるのが普通である。

1) 部材は断面の重心線で表す（これを部材軸または部材軸線と呼ぶ）。
2) 立体構造も平面に分けて考え，力はその平面内に作用するものとする[1]。
3) 変形量は構造寸法に比べて微小である。
4) 材料は等方[2]，等質で弾性体[3]を仮定する。すなわち，フックの法則[3]に従う。

---

1) 最近では，コンピュータにより立体構造物の解析が容易に行われるようになったが，一般的構造物では平面解析結果との差は非常に小さく，構造解析において仮定した外力や支持力のあいまいさに比較して考えると，平面解析による誤差は設計上一般に問題とならないことが多い。
2) 方向によって材料の性質がかわらないこと。
3) 2.6.4項で学ぶ。

5) 荷重は静的に作用する。

以上の単純化や仮定を用いて計算した結果は，現実にある大部分の構造物の挙動に対し工学的意味で十分な精度を有していることが，従来からの多くの実例で確かめられている。本書で扱う構造力学でも以上の仮定に従うものとする。

単純化できないような複雑な形状の構造物や弾性域をこえる挙動を調べる必要があるとき，または新しい構造形式を採用するときには，実物大もしくは縮小モデルによる載荷実験を行ったり，今日ではコンピュータを用いた構造解析を合わせて行う。

（a）ザルギナトーベル橋，コンクリートアーチ（スイス，マイヤール設計）

（b）リアルト橋（イタリア・ベニス）

（c）カレル橋（ハンガリー・ブダペスト）

（d）塔の上に展望台がある斜張橋，ジョセフラッコ・アプラド橋（ブラチスラバ，スロバキア）

有名な橋の例

1.3 構造形式

構造物は一般に複数の部材から組み立てられている。各部材はその力学的役割に応じて，はり，柱，板などの一般的呼び名がある。

細長くまっすぐな部材で横方向からの荷重を支え，曲げに抵抗するものを**はり**（**beam**，曲げ部材）（**図1.3**（a））といい，橋梁では**桁**（**girder**）と呼んで主構造に用いられるほか，構造体内部の力をほかの主要部材に伝達させるときにも利用されている。はりは構造部材としては最も使用例が多く，構造力学の基本となるから，本書でも重点的に学ぶ。主とし

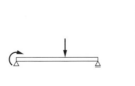
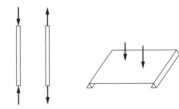

（a）はり（曲げ部材）　（b）柱（圧縮部材）と引張部材　（c）板

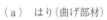

図1.3　単一部材

て部材軸の方向に圧縮を受ける部材を**柱**（**column**, **圧縮部材**）という。軸方向に引張力を受ける部材は単に引張部材（tension member）と呼ぶことが多い。**ケーブル**（**cable**）はきわめて効率のよい引張部材である（図（b））。面に垂直に荷重を受ける平面部材を**板**（**plate**）といい，橋梁や建築物の床板がこれに当たる（図（c））。

われわれの目にするほとんどの構造物は，以上の簡単な部材から組み立てられている。例えば，**図1.4**（a）に示す構造は圧縮材と引張材だけを三角形に組み合わせてつくられており，**トラス**（**truss**）と呼ばれ，きわめて簡単で合理的な構造形式である。図（b）のように斜め部材がなく，住宅，ビル等の一般建築物，鉄道高架等に多く用いられる構造を**ラーメン**（**Rahmen**（独），rigid frame（英））と呼び，曲げ部材を組み合わせてつくられている[1]。図（c）の**アーチ**（**arch**）は，1本の曲線部材または複数の曲線部材をつなぎ合わせて主構造をつくる。これらの部材内部は圧縮力が主体となるが，若干の曲げも同時に作用する。以上に述べたはりや柱などの単材を組み合わせてつくられる構造を**骨組構造**（**frames**）と総称する。また，主として板の面内方向にのみ力を受ける板要素から構成される構造を**板構造**（**plate structure**）といい，代表的なものとしては図（d）の橋梁の箱桁がある。

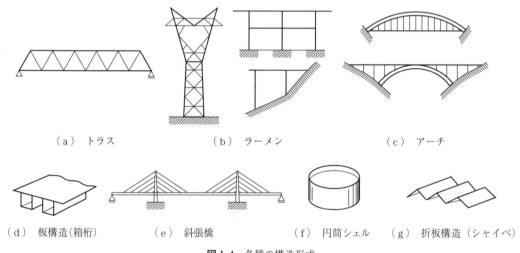

（a）トラス　　　（b）ラーメン　　　（c）アーチ

（d）板構造（箱桁）　（e）斜張橋　　（f）円筒シェル　（g）折板構造（シャイベ）

図1.4 各種の構造形式

200mから500mほどの長い距離をまたぐ橋梁形式として，近年建設の多い**斜張橋**（**cable stayed bridge**）と呼ばれる橋（図（e））は，タワー（圧縮部材）とケーブル（引張材）と補剛桁（曲げ材）から構成されている。タワーは鉄筋コンクリートや鋼箱形断面構造である場合が多い。約1500mまでの長大径間に用いられる**つり橋**（**suspension bridge**，**図1.5**）もこれと同様の複合構造であり，そのケーブル形状は力学上アーチを上下逆にしたものと基本的に同じである。道路橋では以上のどの形式でも路面に板構造が用いられている。

---

[1] ラーメン構造の鉛直部材をわれわれは，"柱"と呼ぶが，力学的には曲げ抵抗力が圧縮力に比べてはるかに大きいのが普通であるから，ラーメン構造の鉛直部材は曲げ部材に属する。また，軸方向力と曲げを受ける部材を構造工学では"はり-柱（beam-column）"と呼ぶことがある。

その他の構造形式として貝殻状の曲面板を用いた**シェル**（**shell**）構造[1]（図1.6），液体，粉体貯蔵タンクなどに用いられる**円筒シェル**（**cylindrical shell**）（図1.4（f）），あるいは平板に折れ角をもたせて組み合わせ，板面内にも荷重を受け持たせた**折板構造**[2]（**folded plate structure**，図1.4（g））などがある。

> **問 1.1** 鋼構造とコンクリート構造の材料および構造特性の比較表をつくれ。

図1.5 セバン橋（イギリス）

図1.6 下水処理用卵形シェル構造（横浜市）

1.4 作用力と荷重

構造物に作用する力には，直接的な外力の作用とその他のさまざまな原因による力とがある。実際の設計では，各種の示方書や設計規準に定められたいくつかの荷重とそれらの組合せに対して安全性を検討する。

橋梁構造物では構造物の自重（**死荷重**（**dead load**））と車両や群衆の重量（**活荷重**（**live load**））が主要な荷重となる。すなわち，構造力学では自重も外力として取り扱う。活荷重は橋の上を移動するので，構造物に最大の応力[3]を生じさせる位置に載荷させて設計しなければならない。

車両走行時には路面の凹凸などが原因となって無視できない大きさの**衝撃荷重**（**impact load**）が構造物に作用し，また曲線部を走行するときには**遠心荷重**（**centrifugal load**）が，さらに鉄道車両の始動，停止時には進行方向に**制動荷重**（**braking load**）が作用する。これらの人為的外力のほかに，自然的外力として横方向からの**風荷重**（**wind load**）が，また積雪時の**雪荷重**（**snow load**）がある。構造物によっては**水圧**や，津波等による**波圧**（**移動水圧**）が作用する場合もある。屋外にある橋梁構造物等では**温度変化の影響**がある。さらに，地震が発生すると構造物自体が地震力と共振する場合があり，そのときには大きな慣性力が作用するため**地震の影響**を考慮しなければならない[4]。構造物の支持点に地盤の横振動が作用するため，支点付近の破損が生じやすく，都市

---

1) 鉄筋コンクリート製の卵形シェルが下水処理タンクなどに用いられている。建築構造物としてはオペラハウス，体育館などの屋根構造に使われることがある。
2) 講堂の屋根，壁などに用いられるが，その数は多くない。図（g）の折板構造を**シャイベ**ということもある。
3) 応力とは，ある断面上に生じる力の単位面積当たりの量。詳細は2.6節で学ぶ。
4) 一般的な設計では，地震力は静的な力におきかえて構造物に作用させる。重心が上にある高速道路，振れやすい塔状構造物や重要な構造物では動的地震応答解析を行って危険な共振はないか確かめる。また振動時の最大応力の大きさやその生じる位置を調べる。

内に多い高架高速道路では橋脚基部に破損が生じやすい。

わが国は世界でも有数の地震国であるため，構造物は地震によって破壊されることが多く，耐震安全性の研究が活発に行われている。構造物の地震時の動的挙動に関する内容は専門書にゆずり，本書では触れないが，構造力学の基本の上に成り立っていることはいうまでもない。

以上のさまざまな荷重は，構造物に対して理想化を行ったと同様に，設計に際して単純化が行われる。一般には構造物の作用力を図1.7に示すように，分布荷重や集中荷重におきかえて計算の簡素化と設計の標準化を図っている。また，実際には分布状態となっている荷重を状況に応じて集中荷重で代表させたり，逆に複数の集中荷重を分布荷重とみなして構造計算を行うこともしばしばある[1]。

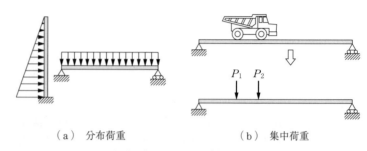

（a）分布荷重　　　　　（b）集中荷重

図1.7　荷重の理想化

鋼構造物では薄い鋼板を溶接により組み立てる場合が多く，その際，溶着部付近には冷却時に収縮することによって生じた応力が残留する。この**残留応力**（**residual stress**）によって，圧縮力を受ける鋼部材の耐力が著しく低下する[2]。このほか，外力の作用がない場合でも，構造物に不均等な支点沈下があれば，構造物内に過大な応力が発生する。

コンクリート部材ではプレストレス[3]，クリープ[4]，乾燥収縮により内部応力が生じるが，これらも構造物における荷重作用の一種と考えて設計上取り扱うことができる。

1.5　構造物の製作過程と構造力学の役割

構造物の製作過程は，おおよそ次のようである。
1） 調査・計画段階として構造物の社会的要求度，使用目的，経済効果，機能と規模，美観および環境への影響度などの調査や評価が行われる。
2） 過程1）の各項目について，条件を満たすいくつかの構造形式を選定し，概略の予備設計を行い，比較検討を加える。
3） 選定された構造形式に対して，過去の設計例を参考にしながら，形状や部材断面寸法を具体的に定める。

---

[1] タイヤを介して伝達される車両荷重はタイヤの接地面に作用するので厳密には集中荷重ではないが，一般には集中荷重と見なす。また，長い橋に自動車が密に並んだ場合，これを平均化し分布荷重と考える。
[2] 鋼圧縮部材は1.7節に述べる座屈破壊を生じやすく，残留応力によって座屈耐力が低下する（第11章♠ "柱の座屈" で学ぶ）。〔本文中の♠マークはⅡ巻 ― 不静定編 ― を参照する箇所を表す。〕
[3] コンクリートの内部にケーブルを通し，引張力を与え，あらかじめ（pre）コンクリートを圧縮する（stress）と高強度のコンクリート構造物ができる。
[4] 長い年月の間に，コンクリートにひずみが生じ，構造物が変形すること。

4) 設計条件として定められた荷重を用いて構造計算を行い，各部材内部に生じる力，変形量を求める。
5) 計算結果を設計示方書の規準に照らして[1] 強度，安全性，経済性などを検討し，構造部材寸法を最終決定する。
6) 製作用図面により各部材の製作，部分組立てを行い，現地にて構造全体の架設[2]を行う。

以上の製作過程のうち，特に，過程4)で構造力学の知識が重要となる。構造計算は，今日では構造力学を基礎として発展させたコンピュータ構造解析法によることが多いが，入力データのチェックや解析結果の判断は，構造技術者が行なわねばならない。構造計算を行うのは完成状態に対するだけでなく，運搬時や，組立て，架設の各段階でも構造部材に生じる応力や変形が過大となると考えられる場合，その都度計算を行って安全を確認する必要がある。また，特に仮設時には支持条件が変化し，不安定になりやすいので，事故が生じやすいことも覚えておくとよい。

1.6 構造物に要求される条件

構造物はシステムの性質を有している。**システム（system）** とは二つ以上の要素が集まって，元の要素とは異なる，より高い機能をもつもので，その基本条件には安全性（信頼性），経済性，機能性，両立性（代替性）の四つがある。構造物が備えるべき条件もこれと同様であるが，両立性に代えて環境調和性を考えるほうがふさわしいかもしれない。以下にこれらの条件を構造物に則して考えてみよう。

〔1〕**安全性（信頼性）**　構造物にとって最も重要な条件である。荷重を支えるべき十分な強度と安全性を満たす構造を造るためには，各種構造形式の耐力や荷重‒変形性能を知るのみならず，構造物に作用するさまざまな外力の大きさと性質，地盤支持力などの知識を広い範囲で把握する必要がある。安全度をより正確に評価するために，近年では各種の荷重の大きさや，部材強度を統計・確率論的に求めるようになっている。**図1.8** に示すように，一般には構造部材自身の抵抗強度 R のばらつきは小さいが，自然界の作用力 S のばらつきは大きく，また地震による揺れの動的作用のように正確に予測しにくいものもある。

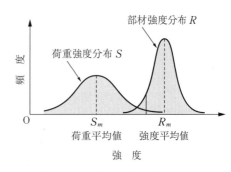

図1.8 荷重強度と部材強度の分布

これらの作用力の大きさは構造物の使用期間によっても変化する。これらの統計的性質が十分明らかでない場合，設計式には，より大きな安全係数を見込む必要がある。最近では使用材料の経年劣化に伴う構造物の補修，補強方法も重要な

---

1) この作業を，"照査"ということがある。部材断面が不足することは許されないが，必要以上に大きいと，安全ではあるが，不経済であるので断面の仮定をやり直す（一般には断面の超過は5%程度以下に抑える）。
2) 工場で橋全体の仮組立てし検査することがある。

〔2〕**経済性**　構造物のコストは調査，設計，材料，製作施工費のほかに維持・管理費も含めて判断される。また，その破壊が人命や社会活動に重大な影響を与える恐れがある場合には，経済的には多少不利となっても十分な安全度が確保されるよう配慮される。

〔3〕**機能性（使用性）**　定められた使用期間中，構造物の使用目的（機能）を十分に果たすことをいう。例えば，高速道路が河川を斜めに横切る場合，費用の上昇と製作・施工上の困難さが多少増えても，道路線形に沿って橋を河川に対して斜めに架け，車の安全な高速走行性を図る。

〔4〕**環境調和性，美観**　構造物が大規模になると，社会活動に果たす役割が大きくなると同時に，人間社会や自然界に意図しない影響を与える機会もまた大きくなる。よって，構造物の環境への調和性が配慮される。一方，社会が豊かになると視覚的影響も重要視されるようになる。すでにヨーロッパでは，橋などの人目に触れることの多い構造物には，強度，安全性，経済性に加えて美観が主要な評価項目に加えられており，より洗練された構造形が造り出されるよう，大きな努力が払われている。力学的に無駄がなく，バランスがとれた美しい構造形を見たとき，人々は心の安らぎとともに人間の偉大ささえ感じるであろう。美しい構造物はそれ自体で社会的な存在価値を有する。形の美しさと物体内の力の流れとは密接な関係があり，力学の追求により美の側面が明らかにされるようになるかもしれない。安全性はいうまでもないが，美しい構造物を世の中に送り出すことは建設技術者の責任である。

問 1.2　実物または写真などでいままで見たことのある構造物の中で美しいと感じられたものを思い出し，構造物の美の条件とはなにかを書き出してみよ。

1.7 構造物の破壊形式

安全な構造物をつくるには，構造物の破壊についても十分な知識が必要である。土木構造物は自然とのかかわりが大きく，自然現象に起因する作用力を定量的に把握しにくい面があることは事実である。しかし一方で，構造物の設計，構造計算，製作，架設および施工の各段階で**人為的ミス**（human error）が入る余地も大きく，事故原因の比較的大きな割合を占めているといわれている[1]。

さまざまな原因によって破壊は生じるが，その形式には大きく分けて材料学的破壊と構造系の不安定現象による破壊とを考えることができる。前者のおもなものには延性破壊，ぜい性破壊，疲労破壊，材料劣化などがあり，後者の代表的なものとして座屈と振動とが挙げられる。以下にこれらを簡単に説明しよう。

〔1〕**延性破壊（ductile failure）**　構造部材に過大な荷重が作用したり，部材断面が腐食，摩耗等により減少すると，ある部分の応力がその材料の耐えうる限界の応力（降伏応力）に達する。すると，金属などの延性材料では変形が著しく大きくなり，あるいは破断して構造全体が使用不能

---

[1] コンピュータ時代にあっても，この種の事故原因は必ずしも減るとは限らず，建設技術者は構造力学に関する基礎知識を十分に身につけ，現場の状況に応じた適切な判断を下せるようにする必要がある。

になる。

〔2〕**ぜい性破壊（brittle failure）**　材料の伸び能力が小さく、いわゆるもろい材料では、ある応力に達した瞬間、ガラスが壊れるように突発的に破壊してしまう場合がある。常温で延性を有する鋼材料でも、5℃以下の低温になるとぜい性を示す。また鋼板を溶接した場合、溶着部付近の金属が変質し、伸びが少なくなってぜい性破壊を生じやすくなる。高強度のコンクリートが圧縮される場合にも、ぜい性破壊が見られる。

〔3〕**疲労破壊（fatigue fracture）**　材料が繰返し応力を受けると、その材料の耐えうる応力以下でも、結晶粒子間の結合が徐々に切断されて、材料に小さな"亀裂（クラック）"が入り、これが少しずつ拡大していくことがある。この破壊形式は動的荷重が主体となる機械要素に多い。構造物では交通荷重の多い道路橋、高速道路橋に多く見られる。また鉄道橋や走行クレーンを支える桁に生じることが多いが、これらは普通、定期保守点検で発見修理されている。

以上、三つの破壊形式で破壊の目安となるのはいずれも材料のある部分の**応力**である。第2章"構造力学の基礎"で応力についてやや詳しく学ぶのはそのためである。

〔4〕**材料劣化（material degradation）**　構造物の多くは鋼やコンクリートでつくられている。鋼は自然状態では化学的に不安定で、塗装しないで放置すれば長い期間のうちには酸化により錆や腐食が生じ、部材断面が減少する。また、コンクリート構造も骨材の化学的変化や海岸砂使用による内部の骨材の膨張やクラックから侵入した雨水による内部鉄筋の腐食が問題となっている。

〔5〕**座屈破壊（buckling failure）**　鋼構造部材は高強度であるため、細長い部材や薄板が用いられることが多い。そのようなまっすぐな部材が圧縮力を受けた場合、材料が降伏する以前の低い荷重で、部材が突然横方向に変形し、耐力を失う。この現象を**座屈**といい、鋼構造物の破壊事故例ではきわめて多い破壊形式である。

〔6〕**振動破壊（vibrational destruction）**　地震動などにより構造物が共振を始めると、大きな変形の繰返しにより部材が破壊する。ケーブルや細長い引張材では風により振動を生じ、その結果疲労破壊を起こす場合がある。重要な構造物では設計時に振動解析も合わせて行い、安全性を確認する。振動破壊で有名な事故としては、タコマナロウズ橋が風速わずか19m/sのときに共振により落橋した例がある[1]。

以上の破壊形式が単独ではなく、同時に、あるいは順に生じる場合がある。これを**複合破壊（maltiple fracture）**という。例えば、鋼部材が腐食し断面が減少すると、先に述べた延性破壊、疲労、座屈、振動が生じやすくなる。コンクリート材料も劣化すると、内部鉄筋の腐食が進み、延性破壊他の破壊様式を生じることがある。このようにいくつかの原因が複合して別の破壊形式で最終的な構造物崩壊に至ることも少なくない。

以上のような破壊形式の中でも比較的安全な破壊と危険な破壊とがある。ぜい性破壊や座屈破壊はある荷重強度で構造が突然耐力を失い崩壊することが多く（**図1.9**）、大事故につながりやすいので、設計では特に注意が必要である。一方、曲げ部材や引張部材に過大な荷重が作用すると、一

1）　伊藤　學著：改訂 鋼構造学（増補）（土木系大学講義シリーズ11），p7，コロナ社（2011）

般には，図の右上に示すように，荷重はほとんど低下しないで，変形のみ大きくなる延性破壊を示す。すなわち，最大耐力に達した後も耐力は急には低下せず，変形のみ増大する（これを**じん性**（**toughness**）という）。その場合，その部材が破壊する前に力が他の部材に移行したり，早期に危険を知ることができ，人々の避難や崩壊前に構造物の補強などを行うことができる。

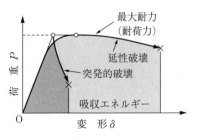

図 1.9 延性破壊と突発的破壊の吸収エネルギーの違い

このように構造物の安全性を合理的に判断するためには，安全度の基準を単に最大強度という1点におくのではなく，強度と変形量とでつくられる**変形能力**（**deformation capacity**，エネルギー吸収能力）をも考慮することがきわめて重要となる。性能照査型**限界状態設計法**（limit state design method）と呼ばれる新しい設計法では，先に述べた荷重や部材強度のばらつきとともに，この点についても設計式に反映させるようになっている。

【問】 1.3 新聞記事などで構造物の破壊事故例があれば切り抜き，事故原因を考察せよ。

【問】 1.4 安全な構造物をつくるためにはどのようなことに注意し，何を調べなければならないか。項目を書き出してみよ。

1.8 生物に学ぶ構造力学

生物は長い年月の間に外力のもとで進化を遂げ，自然界の中で最適な構造，形状が作られてきた。われわれが構造物を設計し構築する上で，生物の構造からヒントを得ることは少なくない。

例えば，われわれの身近にある鶏卵を手に取ってみよう（**図 1.10**）。殻の厚さは卵の寸法に対して極めて薄く，そのかけらは指で簡単に折れてしまうが，卵の長い径の方向（図では左右の方向）に指で挟んで力を加えても容易に壊れない。外力と抵抗力の関係を直観的にとらえるために，鶏卵をビニールの袋に入れ，手のひらで軽く握ってみよう。どのくらいの力で壊れるかを予想して徐々に力を加えてみよう。これは最も簡単な構造実験である。想像以上の抵抗力に驚くであろう。このように，外からの一様な圧縮外力に耐える構造物にアーチ橋やアーチ式ダムがある。

海底に棲む貝類は，厚く丈夫な貝殻で身を包んでいる（**図 1.11**）。卵が短い期間，親鳥に抱かれているのに対して，貝は生きている長い期間，外力に耐えなければならないから，より大きな耐荷力が要求される。貝殻を手に入れたら，力を加え壊してみよう。また，のこぎりで断面を切断し，厚さの変化を観察してみよう。

蜘蛛の巣は，軽くて強度に優れた引張構造体である（**図 1.12**）。人間が作る構造物でも，ケーブルのような引張構造部材が最も軽く，高強度であるから，これを上手に利用すると合理的な構造物ができる。非常に長い距離を途中の支持なしで渡るには，吊り橋や斜張橋などのようにケーブルを主構造とせざるを得ない。高強度のコンクリートの内部にケーブルか鋼線を入れてあらかじめ引張力を与えておくと高強度のプレストレスト・コンクリート構造となる。最近は蜘蛛の糸の蛋白質そ

図 1.10　　　　　　図 1.11　　　　　　図 1.12

のものを人工的に作り，繊維や構造体に利用しようとする研究があり，将来は鋼線ケーブルに代わるようになるかもしれない。

哺乳類の体は骨格で支えられている（図 1.13, 図 1.14）。構造力学でも，棒部材で組み立てられた構造を**骨組構造**，鉄部材で組み立てられた構造を**鉄骨構造**と呼ぶ。哺乳類の骨格を構成する個々の骨の両端は半球形，またはそれを受ける滑らかな凹状のくぼみを持つ。そのため回転が自由な接合となっていて，骨自体は圧縮力のみを受け持つ。引張りは骨に結合した腱や筋肉が受け持つ。動物は動く機能が重要であるので，最適な異種材料で圧縮と引張りを分けて受け持たせている。このような構造は，先に述べた吊り橋や斜張橋，プレストレスト・コンクリート，鉄筋コンクリートでも用いられている。さらには，鋼管の内部にコンクリートを注入したコンクリート充填鋼管や，鋼構造部材に引張力を，コンクリート部材に圧縮力を受け持たせた複合構造もある。この分野はヨーロッパ諸国で盛んに研究され，構造物としても多く用いられている。

図 1.13

鳥の骨は特に軽量化が必要なため，外側のみ固く，内部は空洞の多い軽量な材料で満たされ，しかも組織は力の方向に応じた配列となっている（図 1.15）。先に述べたコンクリート充填鋼管はこれに近い。

植物の中で，竹は優れた構造特性を有している（図 1.16）。強い風が吹くとしなやかに曲がるから，先端ではおもに引張力だけが作用し，小さな断面でよく，根元に近づくにつれ曲げ力にも耐えられるよう断面寸法が最適化されている。どの方向からの風にも耐えられるよう円形断面である。曲げを受けた場合，断面の最も外側で最大の力が生じ，中心部はゼロであるから，中が空洞で，外皮に近い細胞ほど密で，固くて強い。曲げを受けたとき圧縮側は内部に曲がろうとするため，それを防ぐよう節（隔壁，ダイアフラム）があり，その間隔は，根元ほど小さい。

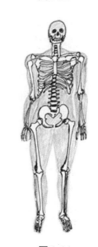

図 1.14

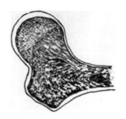

図 1.15　鳥の骨の内部

人工の材料でも，厚さ方向に密度の異なった部材ができれば，さらに構造の軽量化が図れるであろう。構造物の自重の軽減は，地震時の安全性に特に有効となる。

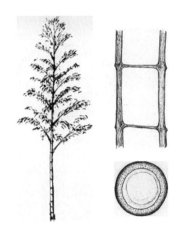

図 1.16　竹とその断面

構造力学の基礎をつくった人々

力学史に最初に名を残した人は**アルキメデス**（Archimedes, B.C. 287 ～ 212）である。"浮力"や"てこの原理"を考え出し，こういった。「私の立つべき足場を与えよ。私は地球を動かしてみせよう。」

15世紀ルネッサンスのイタリア，フィレンツェの人，**レオナルド・ダ・ビンチ**（Leonardo da Vinci, 1452 ～ 1519）は"モナ・リザ"，"最後の晩さん"などの絵画で有名なだけでなく，科学技術上のアイデアをいくつもノートに書き記した。特に力学に興味をもち，力のモーメント〔図2.10（a）で $R_A \cdot 6 = P \cdot 4$〕，仮想変位の原理の概念と滑車，アーチ作用，はりの曲げ実験などを行った。しかし彼のノートは長い間，人の目に触れないまま埋もれていた。

レオナルド・ダ・ビンチ

イタリアのピサに生まれた**ガリレオ・ガリレイ**（Galileo Galilei, 1564 ～ 1642）は落体に関する有名な実験を行った。地動説を支持したため宗教裁判により天文学の研究は中止させられたが，彼は残された生涯の8年の間に名著『二つの新しい科学』を書いた。これが材料力学における最初の出版物で，その中で自重による物体の強さを調べ，片持ばりの一端に荷重を加えてはりの抵抗力を考察した。

構造物は，有史以来造られてきたが，17世紀になって初めて，部材の安全な寸法が科学的に求められるようになった。

第2章 構造力学の基礎

2.1 力 の 性 質

2.1.1 力の合成・分解

力は，大きさと方向の二つの量を有しているので，ベクトルの性質をもっている。力は目に見えないから，これを視覚化して，力の大きさに比例した線分の長さと，その方向で表すと，力の合成や分解が理解しやすい。

図2.1(a)は，点Oに働く二つの力F_1，F_2があるとき，これを2辺とする平行四辺形を作り，その対角線Rを描くと，力の合成ができることを示している。対角線Rに注目すると，これを対角線とする平行四辺形はほかにも描けるから，ある一つの力Rが与えられたときには，逆にこれを別の任意の二方向の力に分解することができる。

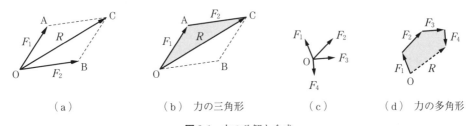

(a)　　　　　(b) 力の三角形　　　　(c)　　　　(d) 力の多角形

図2.1　力の分解と合成

図(b)は図(a)のF_2を平行移動して，F_2の始点がF_1の終点Aにくるようにして，△OACをつくったもので，F_1の始点OとF_2の終点Cを結ぶと合力Rとなる[1]。このようにしてつくられる△OACを**力の三角形**（**triangle of forces**）という。図(c)のように，1点に多くの力が集まる場合も，これと同様に，力を順に平行移動して図(d)のような**力の多角形**（**polygon of forces**）をつくると，最初の力の始点と最後の力の終点とを結ぶ線が，与えられたすべての力の合力Rとなる。

1点に集まる多くの力の合成を数学的に行うために，一般にはそれぞれの力を図2.2(a)のように直交座標に分解し，x, y方向の合力を再び合成する方法がとられる。いま，第i番目の力F_iの水平軸からの角度をα_iとすると，x, y軸方向の力の成分X_i, Y_iはそれぞれ次式となる。

---

[1] 平行移動すると，力の作用線の位置も変わるが，力の大きさと方向のみを考えるときにはこのようなベクトル合成ができる。

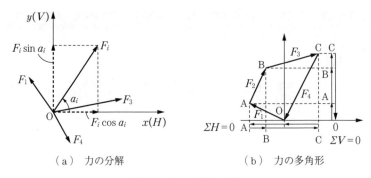

(a) 力の分解　　　　　　　　（b) 力の多角形

図 2.2　力の分解と合成

$$X_i = F_i \cos\alpha_i, \quad Y_i = F_i \sin\alpha_i \tag{2.1}$$

すべての力をこのように分解した後，x, y 軸方向について成分の和 R_x, R_y をそれぞれ求めると

$$\left.\begin{array}{l} R_x = \sum_i X_i = F_1 \cos\alpha_1 + F_2 \cos\alpha_2 + \cdots = \sum_i F_i \cos\alpha_i \\ R_y = \sum_i Y_i = F_1 \sin\alpha_1 + F_2 \sin\alpha_2 + \cdots = \sum_i F_i \sin\alpha_i \end{array}\right\} \tag{2.2}$$

この2力のベクトル和が初めの力の合力 R となるから，R_x, R_y を数学的に合成して

$$R = \sqrt{R_x^2 + R_y^2} \tag{2.3}$$

となり，合力 R の方向を x 軸からの左まわりの角度 α_R で表すと

$$\tan\alpha_R = R_y / R_x \quad \therefore \quad \alpha_R = \tan^{-1}(R_y / R_x) \tag{2.4}$$

となる．式 (2.2) で，$R_x = R_y = 0$ のとき，図 2.2 (b) に示すように最後の力 F_4 の終点が，最初の力 F_1 の始点に一致し，**力の多角形は閉じる**．このとき，これらの力はつりあっている．

2.1.2　モーメント

力が作用すると，物体は一般に力の方向に移動すると同時に回転を生じる．この物体を回転させようとする効果を**モーメント**[1]（**moment**）または**力のモーメント**という．

〔1〕**集中力によるモーメント**　　図 2.3 (a) で，点 O から作用力 F までの垂直距離を r とすると，点 O に関するモーメント M は次式で表される．

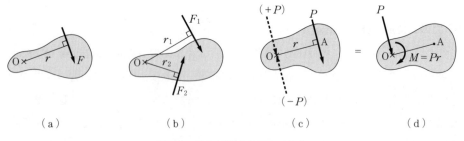

（a）　　　　　（b）　　　　　（c）　　　　　（d）

図 2.3　点 O に関するモーメント

---

1) モーメントは，力とは単位が異なり，厳密には力ではないが，"曲げようとする力" の意味で慣用的にはモーメントについても作用力，反力などの表現を用い，力の仲間として扱う．

$$M = Fr \qquad (2.5)$$

垂直距離 r のことを**腕の長さ**（**moment arm**）ともいう。モーメントは通常，右まわり（時計まわり）の回転方向を正とする（コンピュータによる解析法では一般に逆方向を正にとる）。二つ以上の力によるモーメントは，個々の力によるモーメントを加え合わせればよい。図（b）の例では，点 O に関するモーメントは

$$M = F_1 r_1 - F_2 r_2$$

となり，一般には回転方向に注意して次式のように表される。

$$M = \sum_i F_i r_i \qquad (2.6)$$

〔2〕**1点のまわりの力の効果**　物体に作用する複数の力があり，その合力 P が求められて図 2.3（c）の点 A に作用しているとする。この力による別の点 O に対する作用効果を考えよう。力 P と O の距離は r とする。

いま，P に平行で，大きさが等しく方向が逆の二つの力 $+P$，$-P$ を図中の破線のように点 O に加えると，これらはつりあっているから物体には何の効果も与えない。この（$-P$）と元の点 A に作用する P は大きさが等しく，向きが逆の一対の力，すなわち，**偶力**（**couple of forces**）となり，これによるモーメント $M = Pr$ が図（d）のように点 O に作用する。残る（$+P$）も点 O に作用するから，結局，"物体にある集中力 P（いくつかの力の合力）が作用すると，別の点 O では押す力（または引く力）P と回転する力 $M = Pr$ となる" ことがわかる（図 4.19 に応用例がある）。もし，この物体が点 O でボルト固定されているとすると，このボルトにはねじり力 $T = Pr$ だけでなく，P も作用する。

例題 2.1 長さ l の棒 AB が図 2.4（a）のように点 B で回転できるよう固定されている。点 A が棒に対して 30° の方向に力 T で引っ張られたとき，点 B のまわりのモーメントを求める。

〔解〕点 B から力 T への垂直距離 r は

$$r = l \sin 30° = l/2 \qquad \cdots (a)$$

よって，点 B のまわりのモーメントは

$$M = Tr = Tl/2 \qquad \cdots (b)$$

〔別解〕点 A での作用力 T を図（b）のように棒の軸方向の力 T_x とそれに垂直な方向の成分 T_y とに分解すると，点 B から T_x への垂直距離は 0 であるので，T_x は点 B のまわりのモーメントに寄与せず，T_y のみを考え

$$T_y = T \sin 30° = T/2 \qquad \cdots (c)$$

よって

$$M = T_y l = Tl/2 \qquad \cdots (d)$$

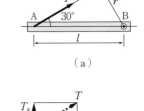

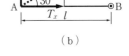

図 2.4 点 B のまわりのモーメントの求め方

図（a）のようにすると，回転中心 B から力 T までの垂直距離を求めるのが面倒であることが多く，この〔別解〕のように力 T を x, y 方向に分解するほうが計算が簡単となる場合が多い。

---

〔3〕**分布荷重によるモーメント**　図 2.5（a）に示すような，任意の分布荷重が作用するときのモーメントは次のように求めることができる。分布荷重強度を単位長さ当たり $q(x)$ とし，回転

中心Aからxの位置で微小荷重幅dxを考えると，この部分の荷重の大きさは

$$p = q(x)dx \quad \cdots (a)$$

この力pによる点AのまわりのモーメントdMは

$$dM = px = q(x)x dx \quad \cdots (b)$$

したがって，全分布区間BCの荷重によるモーメントは次式となる．

$$M = \int_B^C dM = \int_B^C q(x)x dx \quad \cdots (c)$$

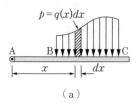

上式の積分計算を行えばモーメントが求められるが，一般の構造設計で現れる分布荷重形状は簡単な場合が多いから，そのときには図(b)のように，分布荷重全体に等しい大きさをもつ集中荷重$S = \int_B^C (x) dx$とその重心点距離gをあらかじめ求めておき，これを荷重分布の重心Gに作用させて，次式からモーメントを求めればよい．

$$M = Sg \quad \cdots (d)$$

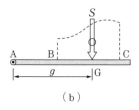

図2.5　分布荷重によるモーメント

実務ではほとんどの分布荷重形は長方形や三角形などの簡単な形となり，その積分値や重心位置はただちに求められる．

例題 2.2 （1）図2.6(a)の分布荷重による点Bのまわりのモーメントを求める．（2）図(b)の分布荷重の点Aのまわりのモーメントを求める．

〔解〕（1）微小区間dxの荷重はqdx．これが点Bから距離xの位置に作用すると，点Bのまわりのモーメントは$-xqdx$．よって区間ABでは

$$M = \int_0^a -xqdx = -q\int_0^a xdx = -qa^2/2$$

普通に行うもっと簡単な方法は，図(a)の分布荷重を集中荷重におきかえるとqaとなる．これが荷重分布の重心，すなわち点Bから左へ$a/2$の位置に作用するから，点Bに関する左まわりのモーメントは，(力qa)×(距離$a/2$)で

$$M = -(qa)(a/2) = -qa^2/2$$

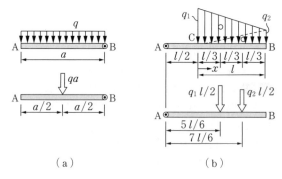

図2.6　簡単な分布荷重の集中荷重への変換

（2）点Cから右へxの位置（点Aからの距離：$l/2+x$）の荷重強度は$q = q_1 + (q_2-q_1)x/l$．dx区間の荷重の大きさはqdxである．よって

$$M = \int_0^l (l/2+x) qdx = \int_0^l (l/2+x)\{q_1+(q_2-q_1)x/l\}dx = (5q_1+7q_2)l^2/12$$

あるいは，もっと簡単に，図(b)の台形分布荷重は図のように二つの三角形分布荷重が分布するとして，それぞれ集中荷重$S_1 = q_1 l/2$，$S_2 = q_2 l/2$におきかえ，これらが三角形の重心点に作用するから，結局

$$M = (q_1 l/2)(5l/6) + (q_2 l/2)(7l/6) = (5q_1+7q_2)l^2/12$$

---

〔4〕偶力とモーメント荷重　〔2〕項では一つの力Pの効果を考えたが，図2.7(a)に示すように，大きさが等しく，逆向きの一対の力Pすなわち**偶力**が物体のある点Cに作用する場合，

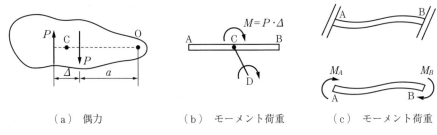

（a）偶力　　　　　（b）モーメント荷重　　　（c）モーメント荷重

図 2.7　偶力とモーメントの荷重

　これが他の注目点 O に及ぼす効果を考えよう。偶力はちょうど車のハンドルを回すときに生じる力と同じで，図（a）の点 O のまわりの P によるモーメントとなり次式となる。

$$M = P \cdot (\Delta + a) - Pa = P \cdot \Delta \qquad \cdots (\mathrm{e})$$

このように偶力は図（b）に示すような点 C に外力モーメント $M = P \cdot \Delta$ が作用する状態におきかえることができる。このような外力モーメントは図（b）のように，はり AB の中間点 C で他の部材が結合されているような場合，結合部材 CD のねじりによって生じることがある。また，図（c）のように，はり AB の両端に柱が結合しているとき，柱が傾くと，はり AB の両端に曲げ力が作用する。はりに作用するこのような力を**モーメント荷重**（**moment load**, applied moment, external moment）という。上式（e）からもわかるように，どのようなモーメント荷重も，別の点への作用効果はモーメント荷重の作用位置からの距離には関係しない。これはモーメント荷重 M の単位（例えば kN·m）を見れば，集中荷重 P の単位〔kN〕や，分布荷重 q の集合の単位〔(kN/m)m = kN〕とは異なり，すでに距離〔m〕がかけられていることからもわかる。

　以上のように，**はりに作用する外力には，おもに集中荷重，分布荷重，モーメント荷重の 3 種がある**。

2.2　力のつりあい

　いくつかの力を受けている物体が静止しているとき，物体に作用するすべての力は"**つりあい状態**（**equilibrium**）"にある。もし，力がつりあわなくなると物体は動き始めるが，物体の動きは作用力の合力の方向への**平行運動**（または並進運動という）と，モーメントによる**回転運動**とに分けることができる。したがって，物体が静止を保つためには，まず第 1 に平行運動しないための条件として，すべての作用力の合力が 0 である必要がある。すなわち，各作用力の水平方向の成分を H_i，鉛直方向の成分を V_i とおくと

$$\sum H_i = 0, \quad \sum V_i = 0 \qquad (2.7\mathrm{a})$$

また，第 2 の条件として，物体が回転運動しないためにモーメントの和が 0 であることが必要である。すなわち，任意の点のまわりの各力のモーメントを M_i と書き改めると

$$\sum M_i = 0 \qquad (2.7\mathrm{b})$$

となる。これらを**つりあい条件**（**equilibrium condition**）といい，式（2.7a, b）が満足されてい

るとき，力は"つりあい状態にある"という．式 (2.7 a, b) は平面内静力学において構造物の支点反力や部材内力を求めるためにつねに用いられる最も重要な基本式である．

先に図 2.2（b）のところで述べたように，複数の力がつりあい状態にあるとき，これらの力による力の多角形は閉じる．例えば，図 2.2（b）に示す四つの力 $F_1 \sim F_4$ がつりあっているとき，各力を x, y 軸方向に分解し，x, y 軸の下および右に描くと，これらは x 軸，y 軸方向ともに，0 からスタートし，また元の 0 の位置まで戻っている．すなわち，式 (2.7 a) が成立していることがわかる．

例題 2.3　1 点に集まる力のつりあい　図 2.8（a）の 2 本のロープ AC，BC の結合点 C に鉛直荷重 P が作用している．2 本のロープの張力を求める．

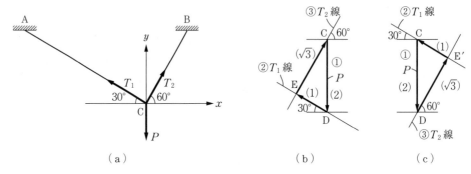

図 2.8　ロープに作用する力

〔解〕2 本のロープの引張力を T_1, T_2 と仮定する．点 C に集まる三つの力はつりあっているから，これらの力の水平成分 H の和[1] を考えると，右向きを正として

$$\sum \vec{H} = -T_1 \cos 30° + T_2 \cos 60° = -T_1(\sqrt{3}/2) + T_2/2 = 0 \quad \cdots (\text{a})$$

つぎに，鉛直方向の力 V の和が 0 より

$$\sum V\uparrow = T_1 \sin 30° + T_2 \sin 60° - P = T_1/2 + (\sqrt{3}/2)T_2 - P = 0 \quad \cdots (\text{b})$$

式（a），（b）を解いて

$$T_1 = P/2, \quad T_2 = (\sqrt{3}/2)P$$

〔別解〕**力の三角形を描く方法**　図（b）を参考に，① 初めに与えられた力 P を，グラフ用紙に矢印をつけて描く．その始点を C，矢印の終点を D とする．② P の終点 D で，水平から 30° の T_1 方向に細線を描く．③ P の始点 C で，水平から 60° の T_2 方向に細線を描き，T_1 方向線との交点を E とおくと，図 2.8（b）の △CDE が力の三角形となる．

別の三角形として，図（c）に示すように，前述の②で初めに点 D で水平から 60° の方向に T_2 を引いてもよい．そのときは③ 点 C で 30° の方向に T_1 を引く．交点を E′ とすると，△CDE′ が力の三角形となる．

図（b）の力の三角形 CDE で，P の長さ CD に対して，辺 DE が T_1，辺 EC が T_2 の力の大きさを表す．この三角形の場合，直角三角となり，辺の大きさの比は，$T_1 : P : T_2 = 1 : 2 : \sqrt{3}$ であるから，$T_1 = P/2, T_2 = \sqrt{3}P$ がただちに求まる．図中（　）内は辺の比である．ただし，力の方向を考えねばならない．

力の方向　力がつりあっているとき，力の三角形（または多角形）ができるが，力の方向は図（b）また

---

[1] 水平方向の力のうち，右向きの力を正と仮定するとき，本書では式 (2.7 a, b) の力の方向を $\vec{H}$ のように矢印をつけて表す．鉛直方向の力も同様であり，上向きの力を正とするとき $V\uparrow$ と記す．右まわりのモーメントを正と考えているときには $\widehat{M}$ とする．これらの記号がないときにも多くの場合，いま述べた力の方向を正とする．

は(c)に示すように，辺に沿って同じ回転方向に進む。どちらの方向に進むかは，初めに与えられた，既知の力（この例の場合，P）の方向を基準にする。T_1, T_2 の力の三角形の矢印の方向が決まれば，これを平行移動してもとの図(a)の AC，CB の上に戻せばよい。T_1, T_2 とも点Cを引っ張っているので，これらは引張力（+）である。すなわち点Cから，AまたはBの方向に矢印が付く。

［問］2.1 図3.18(a)(p.52)は点Aに三つの力 T_1, T_2, R_A が集まってつりあっている。$R_A = 35$ kN のとき T_1, T_2 を式および三角形図解法により求めよ。

［例題］2.4 モーメントのつりあい 図2.9はトラス構造の一部を取り出したものである。図(a)〜(c)については点Oのまわりのモーメント[1]のつりあいより，図中に示した作用力 T, R, L を求める。また，図(d)では鉛直方向の力のつりあいより力 D を求める。

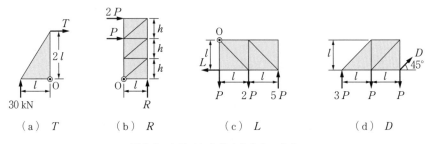

図2.9 トラスに作用する力のつりあい

［解］(a) $\sum \hat{M}_{(O)} = 30l + T \cdot 2l = 0$ ∴ $T = -15$ kN　(b) $\sum \hat{M}_{(O)} = 2P \cdot 3h + P \cdot 2h - Rl = 0$ ∴ $R = 8Ph/l$，
(c) $\sum \hat{M}_{(O)} = 2Pl - 5P \cdot 2l + Ll = 0$ ∴ $L = 8P$　(d) $\sum V\uparrow = 3P - 2P + D\sin 45° = 0$ ∴ $D = -\sqrt{2}P$

［問］2.2 図2.10(a)に示すはり AB は点Bで回転できるようピン支持され，点Aに R_A，点Cに $P = 20$ kN が作用してつりあい状態にある。R_A を求めよ。

［問］2.3 図2.10(b)のはりは点Aがピン支持されて，モーメント M が作用し，点Bに荷重 $P = 40$ kN が作用してつりあっている。M を求めよ。

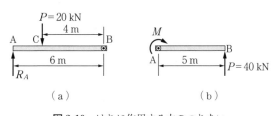

図2.10 はりに作用する力のつりあい

2.3 支点反力

荷重や自重が構造物に外力として作用すると，それらの力は構造物を支持する点，すなわち**支点**（support point）を通して基礎構造物や地盤に伝えられる。構造物からの支点への作用に対して，支点から構造物に反作用が生じる。これを**支点反力**（**support reaction**）といい，構造物から見れば，構造物への新たな作用力（外力）となる。支点には2.5節で述べるいくつかの形式がある。

---

1) 物体のある点 k に関するモーメントを本書では $M_{(k)}$ のように表す。また点 k が明らかな場合，添字 (k) を省くことがある。

静止し，つりあい状態にある構造物では，支点反力を含めたすべての作用力の間に式 (2.7 a, b) のつりあい条件式が成り立つ。簡単な構造の支点反力は，つりあい条件式だけからただちに求めることができる。例えば，**図 2.11**（a）の荷重 P_1, P_2 を受ける物体の支点 A の反力 R_A を求めるには，まず支点 A を取り去り，代わりに反力 R_A を仮定した物体を考える（図 (b)）。支点が取り去られたため，この構造は不安定になるが，正しい値の反力が与えられている限り，この物体は静止状態を続け，外力 P_1, P_2，反力 R_A の間につりあい条件式が成立する。すなわち，P_1, P_2, R_A の三つの力によるモーメントの和が 0 となる式が得られ，この式から R_A が求められる。

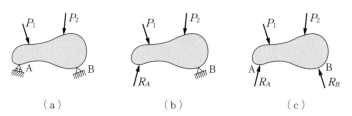

図 2.11　支点を反力におきかえた構造

また，反力 R_B を求めるには，これと同様，こんどは図 2.11（a）で，支点 B を取り去り，代わりに R_B を仮定して支点 A のまわりのモーメントを考えればよい。

ひとたび支点反力 R_A, R_B が求められると，力のつりあい上からはもはや支点を考える必要はなく，図 (c) のように，支点を取り去ったあとの点 A, B に反力を作用させて，外力とともに力のつりあいを保ちながら"空間に浮かんで静止した物体"を考えればよい。このような物体を**自由物体**（**free body**）または**独立物体**（**independent body**）と呼ぶ。

以上のように，支点反力は物体への作用力によって生じるものではあるが，物体から見たときには，あくまで外部から物体自身へ加えられた作用力（外力）の一種であると考える。これらすべての作用力を用いて物体内部に生じる力が計算される。したがって，支点反力は構造力学の問題でまず初めに求めるべき量となる。

例題 2.5　図 2.12 (a) のはり AB に集中荷重 $P=120$ kN が作用し，支点 A, B に反力 R_A, R_B が生じているとする。これらの反力 R_A, R_B を求める。

〔解〕R_A を求めるために図 (b) のように点 B を回転中心とするモーメントのつりあいを考える。

$$\sum \widehat{M}_{(B)} = R_A \cdot 6 - 120 \cdot 4 = 0 \quad \therefore \quad R_A = 80 \text{ kN}$$

つぎに，R_B は点 A を回転中心にモーメントのつりあい式を立てることにより（図 (c)）

$$\sum \widehat{M}_{(A)} = -R_B \cdot 6 + 120 \cdot 2 = 0 \quad \therefore \quad R_B = 40 \text{ kN}$$

（検算）$R_A + R_B = 120$ kN（＝外力 P）

このように二つの反力が求められたら検算を行う習慣をつけておくとよい。

問 2.4　図 2.13 (a) に示すはりの区間 AC に分布荷重 q が作用している。図 (b)，(c) を参照し，分布荷重を集中荷重に変換した後に反力 R_A, R_B を求めよ。

例題 2.6　図 2.14 のトラスの支点反力 R_A, R_B を求める（λ（ラムダ））。

〔解〕トラス構造全体を一かたまりの物体と考える。支点 B をモーメント中心にとると

$$\sum \widehat{M}_{(B)} = R_A\, 4\lambda - (3P\,3\lambda + 2P\,2\lambda + P\lambda) = 0 \quad \therefore\ R_A = 3.5P$$

支点Aをモーメント中心にとると

$$\sum \widehat{M}_{(A)} = -R_B\, 4\lambda - (3P\,\lambda + 2P\,2\lambda + P\,3\lambda) = 0 \quad \therefore\ R_B = 2.5P$$

（検算）反力 $R_A + R_B = 6P$，荷重 $= 3P + 2P + P = 6P$

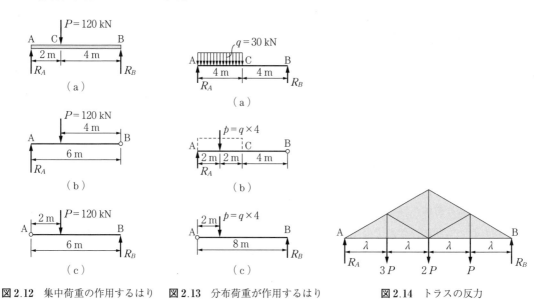

図2.12　集中荷重の作用するはり　　図2.13　分布荷重が作用するはり　　図2.14　トラスの反力

2.4　断　面　力

　物体に外力や支点反力が作用すると，物体内部にもそれに抵抗する力が生じる。これを**内力**（internal force）という。構造部材のある断面上に現れた内力を，特に**断面力**（stress resultant）という。

　構造物の設計においては，部材の長さ方向に沿って変化する断面力の大きさを調べる必要がある。最大断面力の生じる点がわかると，次にそこでの単位面積当たりの内力，すなわち**応力**を計算する。この応力の値が使用材料の限界値をこえると構造物は破壊してしまう。構造設計の基本は破壊しないように断面寸法を決めることである。したがって，構造力学の問題を解く作業の大半はこの断面力を求めることであるともいえよう。

　物体をある断面で仮に切断して考えると，断面上には外力とつりあう応力が任意の方向に分布しており，これを図2.15（a）のように断面に垂直な応力 σ（シグマ）と断面に沿って働く応力 τ（タウ）とに分解して考える。これらをそれぞれ**垂直応力**（normal stress），および**せん断応力**（shear stress）という。応力は単位面積当たりの力であるから，これを断面全体に加え合わせると，図（b）に示

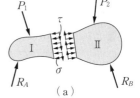

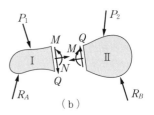

図2.15　物体切断面上の応力と断面力

す三つの**断面力**となる。これらを**合応力**（**stress resultant**）ともいう。すなわち

軸 方 向 力　N：断面に垂直な抵抗力
曲げモーメント　M：断面の曲げに抵抗しようとするモーメント
せ ん 断 力　Q：断面に平行に働く抵抗力

$$N = \int_A \sigma dA, \quad M = \int_A \sigma y dA, \quad Q = \int_A \tau dA \tag{2.8}$$

ここに，y は断面の図心[1])を原点とする座標での距離，A は断面積である。

切断されてできた左右の断面には，大きさが等しく逆向きの断面力が図 2.15（b）のように生じている。断面力の向きは，通常，図に示した方向を正と仮定する。すなわち，軸方向力 N は引張りを正とする。M, Q については第 4 章で詳しく学ぶ。

断面力の大きさを求めるには，初めに切断面に図（b）のような断面力を仮定し，これが切断された物体への外からの作用力であると考えて力のつりあい式を立てる。例えば，同図の切断後の物体Ⅰに作用する力は，外力 P_1, R_A と断面力 N, M, Q の五つであり，これらの力によってつりあい状態が保たれ，空間に浮かんで静止した独立物体となっていると考えればよい。したがって，式（2.7 a, b）のつりあい条件式を用いて断面力が決定できる。

ここで重要なことは"初めに力のつりあい状態にあった物体は，どこで切断されようとも，切断後の部分物体（自由物体）に作用する外力と断面力とは，なお，つりあい状態を保つ"ということである。この力学上の基本概念（切断定理と呼ぶことがある）は後の章にもしばしば現れ，断面力を求めることに利用される。

構造力学で取り扱う基本的構造物または部材のうち，三つの断面力 N, M, Q を同時に考慮しなければならないのはアーチのみで，単一の引張材や圧縮材，あるいはトラス部材では軸力 N のみを，また，はりやラーメン構造では，普通は断面で M, Q のみが作用すると仮定する。それぞれの部材に生じる断面力の求め方については，本書の次章以下で各構造形式ごとに詳しく学ぶ。

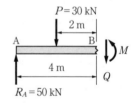

図 2.16　はりの断面力 M, Q

例題 2.7　図 2.16 は，はりを点 B で切断した一方の部分物体を示している。断面力 Q, M を求める。

〔解〕この物体には四つの力 P, R_A, M, Q が作用している。鉛直方向の力のつりあいより

$$\sum V\uparrow = R_A - P - Q = 0 \quad \therefore \quad Q = R_A - P = 20 \text{ kN}$$

つぎに，曲げモーメント M を求める。モーメントのつりあい式から断面力 Q の影響を取り除くために，点 B をモーメントの中心にとると

$$\sum \widehat{M}_{(B)} = R_A \cdot 4 - P \cdot 2 - M = 0$$
$$\therefore \quad M = R_A \cdot 4 - P \cdot 2 = 140 \text{ kN·m}$$

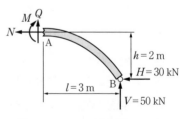

図 2.17　アーチの断面力 N, M, Q

---

1)　図心とは断面図形の重心のこと。詳細は 4.6 節参照。

問 2.5 図2.17は点Aで切断されたアーチ構造の一部である。切断点Aにおける断面力 N, M, Q を求めよ。ただし，Q, N の方向は，それぞれ鉛直および水平方向とする。

2.5 構造物の支持形式

構造物は，地盤その他の安定な基礎構造物に支持されて静止状態を保っている。構造物の支持点では力の流れを単純化し，支持点から構造物への作用力を明確にしておく必要がある。そのため，一般には**表 2.1**に示す支持形式が用いられる。

表 2.1 構造物の支持形式

名 称	（a）可動支点（ローラー支点）	（b）回転支点（ヒンジ支点）	（c）固定支点（埋込み支点）	（d）自由端
支持形式				
拘束度 r（リンクの数）	$(r=1)$	$(r=2)$	$(r=3)$	$(r=0)$
本書での記号				
境界条件 v：たわみ M：曲げモーメント θ：たわみ角 Q：せん断力	$v=0$ $M=0$	$v=0$ $M=0$	$v=0$ $\theta=\dfrac{dv}{dx}=0$	$Q=0$ $M=0$

（a）可動支点（movable support，**ローラー支点**（roller support））　回転が自由で，かつある一方向に移動が自由な支持形式で，移動方向に垂直な方向にのみ支点反力が生じる。すなわち，一方向にのみ変位が拘束されているので，"**拘束度**（degree of restraint）は1である"。拘束状態を表現するのに，表中に示すような**リンク**（link，両端ヒンジの棒）が用いられることがある。リンクは力の方向にのみ力を伝え変位を拘束するので，リンクの数が**拘束度 r を表す**[1]。可動支点では $r=1$。

（b）回転支点（rotate support，**ヒンジ支点**（hinged support），**ピン支持**（pinned support））　回転のみ可能で，任意方向の作用力に対しては，水平，鉛直方向の二つの拘束反力を生じる。よって拘束度 $r=2$。

（c）固定支点（fixed support，**埋込み支点**（built in support））　回転も移動もできないように，固定された支点で，水平，鉛直反力のほか，反力モーメントを生じる。したがって，この点で構造物には曲げが生じる。拘束度 $r=3$。

（d）自由端（free end）　なにも支持されていない構造端部を意味し，変位，回転とも自由である。$r=0$。

---

1) 拘束度と構造物との関係は6.1節に詳述されているので合わせて読まれたい。拘束度の数を拘束次数(number of restraint)ともいう。

以上の支持条件は、はりなどの構造部材を微分方程式を用いて数学的に解くとき（4.8節で学ぶ）の境界条件をも明確に与えるもので、表2.1の下欄にそれらが示されている。また明らかに拘束度 r と反力の数は一致する。

（e）弾性支点（elastic support，ばね支持（spring support））　ある構造物の一部や部材がほかの構造物や弾性体に接続または支持されている場合、これを弾性支持におきかえることがあり、支点には変位に比例する反力が生じる。図2.18（a）は回転自由であるが、ばねの方向の変位に比例する反力を生じる弾性支持（ばね支持）を表し、図（b）は回転に対してのみばね拘束を受ける例を示している。地盤上または地中の構造物あるいは杭の設計では、地盤を弾性体とみなし、これをいくつかのばねにおきかえて構造解析を行う場合がある。

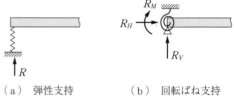

(a) 弾性支持
　　（ばね支持）　　　　　　(b) 回転ばね支持

図2.18　弾性支点の例

・**静定構造と不静定構造**：ある一つの構造体が地盤やほかの安定な構造物と拘束度 $r=3$ で結合されている場合、これを**静定構造（statically determinate structure）**といい、これ以上の拘束度を有するもの（$r>3$）を**不静定構造（statically indeterminate structure）**という。静定構造ではつねに三つの支点反力が生じるが、これらは三つの力のつりあい条件式（2.7a, b）から定めることができる（静定、不静定構造の詳細については第6章で学ぶ）。**図2.19** はよく見られる支持形式の例を示している。図（a），（c）は静定構造で、ほかは不静定構造である。

(a) 単純支持　　(b) 連続支持　　(c) 片持支持　　(d) 両端固定支持　　(e) 両端ヒンジ支持

図2.19　各種の支持形式

問 2.6　図2.19の各支持形式の拘束度を述べよ。

斜張橋形式の歩道橋（イタリア）

2.6 応力とひずみ

力が作用している構造物中のある部分が、ちょうど破壊し始める状態を考えると、その部分では材料の結晶粒子が耐えうる限界の応力状態になっているはずである。

一様な引張りや圧縮を受ける棒部材では、部材内部の応力状態は単純であるので、破壊強度は容易に算定できるが、平面状に広がった部材や3次元的物体では内部の応力状態は必ずしも単純ではなく、材料の結晶粒子の破壊強度も応力状態によってかなり変化する[1]。本節では材料の破壊と関係づけて、物体内の応力状態をおもに2次元的に調べる。

2.6.1 応　　力

物体に力が作用すると、物体内のある任意の断面上には、一般に内部の破壊に対する抵抗力（内力）が連続的に分布する。いま、**図2.20**(a)に示すようにx軸方向に向いたある断面上の微小面積ΔAを考え、この上に生じている内力をΔPとしよう。一般には、この力は任意の方向を向いているので、これを取り扱いやすいようにx, y, z軸方向の成分$\Delta P_x, \Delta P_y, \Delta P_z$に分解して考える（図(b)）。これらの力の大きさは、断面積ΔAの大きさによって変わるから、力の大きさで材料の破壊を判定することはできない。この場合は明らかに単位面積当たりの力を考えるべきであり、より厳密には、次式で示すような無限に小さい単位面積当たりの力の大きさを考える。これを**応力**[2]（**stress**）または**応力度**と呼ぶ。

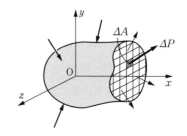

（a）物体切断面上の内力

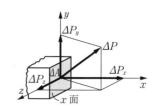

（b）微小断面積上の内力の成分

図2.20 応　力

$$\sigma_x = \lim_{\Delta A \to 0} \frac{\Delta P_x}{\Delta A}, \quad \tau_{xy} = \lim_{\Delta A \to 0} \frac{\Delta P_y}{\Delta A}, \quad \tau_{xz} = \lim_{\Delta A \to 0} \frac{\Delta P_z}{\Delta A} \quad (2.9)$$

式(2.9)で面に垂直な応力σを**垂直応力**、面に平行な応力τを**せん断応力**という。図(b)でx軸に垂直な面をx面と呼び、τ_{xy}などの**初めの添字**は応力の作用面を表す。したがって、$\sigma_x, \tau_{xy}, \tau_{xz}$はすべて$x$面に作用する応力である。また、**第2の添字**は応力の方向を表しており、τ_{xy}はy軸方向を向き、τ_{xz}はz軸向きである。したがって、σ_xのことをσ_{xx}と表してもよく、また、τの代わりにすべてσの記号を用いても混同はない。さらに、x, y, zの代わりに1, 2, 3で表したり、より一般的表現によりσ_{ij} ($i, j = 1 \sim 3$)（テンソル記号）で表した弾性学の書物もある。

---

1) 例えば、ある一方向に引張状態にある物体に横方向から圧縮力を少し加えると破壊する場合がある。またどの方向からも一様な圧縮力を受ける場合（静水圧状態）、圧縮力がどれだけ大きくても破壊は生じない。この分野の学問の詳細は"弾性学"で取り扱う。
2) 物体内部に生じた力、すなわち内力のことを応力ということもあるが、本書ではそれは内力または断面力等で表現し、応力とは応力度のことを意味するものとする。

$$\underset{\underset{\text{応力の作用面}}{\uparrow}}{\overset{\overset{\text{応力の方向}}{\downarrow}}{\tau_{xy}}} = \sigma_{xy} = \sigma_{12}$$

問 2.7 ある本に σ_{zx} の記号があった。これはどのような応力か，また，σ_{yz} はどうか。

〔1〕棒の一軸方向応力　図 2.21（a）に示す，長さ方向に一定の断面積 A をもつ棒部材を力 P で引っ張ると，力のつりあいから，長さ方向のどの位置にも同じ断面力 N（$=P$）が生じ，部材軸に垂直な断面 m-m 上には図（b）に示すように一様な垂直応力 σ が生じる。その大きさは

$$\sigma = \frac{N}{A} = \frac{P}{A} \tag{2.10}$$

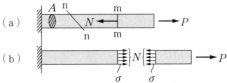

図 2.21　一軸方向応力

で与えられる。もし部材を斜めに（n-n）で切断すると，切断面上には σ と τ とが生じるが，その詳細は後で 2.6.6 項"一軸方向力を受ける部材の破壊と応力状態"で検討する。部材を圧縮した場合には，図 2.21（b）と向きが逆の一様圧縮応力が生じる。

〔2〕はりの曲げ応力　はりに曲げモーメント M が生じると，部材内には図 2.22 に示すように，引張りから圧縮へと直線的に変化する応力 σ が生じる。これを**曲げ応力**（**bending stress**）といい，これも断面に垂直な応力である。その大きさは部材中央部の応力が 0 となる位置（中立軸という）からの距離 y[1] と，断面での M の大きさに比例する。すなわち

$$\sigma = kMy \tag{2.11}$$

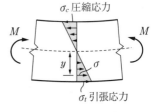

図 2.22　曲げ応力

ここに，比例定数 k は，はりの断面形によって定まる量で，これらのより詳しい内容は断面上のせん断応力分布とともに，第 4 章"静定ばり"で学ぶ。

〔3〕直方体上の応力　図 2.20 では，x 面に作用する応力だけを考えたが，同図（a）の微小面積 ΔA を含む微小直方体（6 面体）を物体から取り出すと，その六つの表面にもそれぞれある方向，大きさの内力が生じており，これらを x, y, z 軸方向に分解して応力で示すと図 2.23 に示すようになる。この図の直方体では，座標の原点を含む面上の応力を $\sigma_x, \tau_{xy}, \tau_{xz}, \sigma_y, \cdots$ とおき，それから dx, dy, dz 離れた向かいの面では，それぞれの応力の増分 $\Delta\sigma_x, \Delta\tau_{xy}, \Delta\tau_{xz}, \Delta\sigma_y, \cdots$ だけ変化しているとする。x

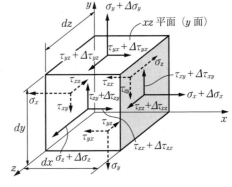

図 2.23　微小直方体上の応力

---

[1]　部材中央部の応力が 0 となる位置から下向きの距離を正とする。

面上の応力増分 $\Delta\sigma_x$ は次のように表される[1]。

$$\Delta\sigma_x = \frac{\partial\sigma_x}{\partial x}dx, \quad \Delta\tau_{xy} = \frac{\partial\tau_{xy}}{\partial x}dx, \quad \Delta\tau_{xz} = \frac{\partial\tau_{xz}}{\partial x}dx \tag{2.12}$$

y 面，z 面上の応力増分についても，上式の添字を x, y, z, x の順で変えることにより同様の表現ができる。物体から取り出した図2.23の微小要素は独立物体（自由物体）であるから，これに作用する力の間には当然つりあいが成り立っている。

2.6.2 応力のつりあい式

2次元状態の応力のつりあい状態を調べるために，図2.23の立方体の z 方向の幅 dz を単位量1にとり[2]，x, y 軸方向の応力のみ作用する平面応力状態を考えよう。**図2.24**はこれらの応力に加えて，重力などの単位体積当たりの物体力 X, Y が重心に作用した場合を示している。

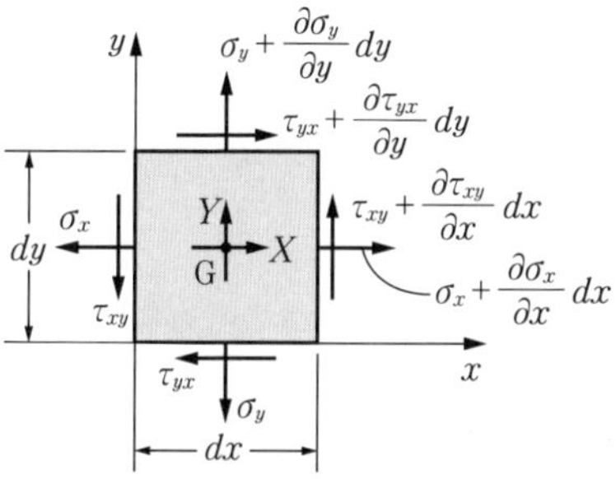

はじめに，この微小物体に作用する x 方向の力の和（応力の和ではないことに注意。力＝応力×面積）を考えると，これらはつりあっているから

$$\sum \vec{F}_x = \left(\sigma_x + \frac{\partial\sigma_x}{\partial x}dx\right)(dy\cdot 1) - \sigma_x(dy\cdot 1)$$
$$+ \left(\tau_{yx} + \frac{\partial\sigma\tau_{yx}}{\partial y}dy\right)(dx\cdot 1) - \tau_{yx}(dx\cdot 1) + X(dxdy\cdot 1) = 0$$

図2.24 2次元的応力状態

y 方向についても力のつりあい $\sum F_y \uparrow = 0$ を求めて式を整理し，体積の項（$dxdy\cdot 1$）を消去すると次のような**応力のつりあい式**が得られる。

$$\left.\begin{aligned}\frac{\partial\sigma_x}{\partial x} + \frac{\partial\tau_{yx}}{\partial y} + X = 0 \\ \frac{\partial\tau_{xy}}{\partial x} + \frac{\partial\sigma_y}{\partial y} + Y = 0\end{aligned}\right\} \tag{2.13}$$

もし，図2.23の直方体の z 方向の面上の x 方向または y 方向への応力も含めたつりあいを考えるなら，x 方向のつりあい式として式 (2.13) 第1式の左辺に $\partial\tau_{zx}/\partial z$ を加えた式が得られる（τ_{zx} は z 面に作用し，x 方向の応力）。すなわち，次式となる。

$$\frac{\partial\sigma_x}{\partial x} + \frac{\partial\tau_{yx}}{\partial y} + \frac{\partial\tau_{zx}}{\partial z} + X = 0 \tag{2.14}$$

y, z 方向のつりあい式も同様に，物体力および x, y, z の添字を順に入れかえた式として得られる。

---

[1] 応力成分 $\sigma_x, \tau_{xy}, \tau_{xz}, \cdots$ は物体中の位置の座標 (x, y, z) によって変わるから，$\sigma_x = \sigma_x(x, y, z)$，$\tau_{xy} = \tau_{xy}(x, y, z)$，$\tau_{xz} = \tau_{xz}(x, y, z)$，$\cdots$ などであり，例えば σ_x の x 軸方向の増分は x 軸方向のみに限った（偏った）増加率，すなわち偏微分量 $\partial\sigma_x/\partial x$ を考え，これが dx 区間で σ_x に変化を与えるから $\Delta\sigma_x = (\partial\sigma_x/\partial x)dx$ となる。ほかの応力増分も同じである。

[2] 小さな長さ1mmまたは1cmを想像してもよい。

つぎに、図2.24の物体の重心点Gにおけるモーメントのつりあい式を考えてみよう。図より回転にはせん断応力のみ関係し、重心点からの距離は$dx/2$または$dy/2$であるから

$$\sum \hat{M} = \left(\tau_{yx} + \frac{\partial \tau_{yx}}{\partial y}dy\right)(dx \cdot 1)\frac{dy}{2} + \tau_{yx}(dx \cdot 1)\frac{dy}{2}$$

$$- \left(\tau_{xy} + \frac{\partial \tau_{xy}}{\partial x}dx\right)(dy \cdot 1)\frac{dx}{2} - \tau_{xy}(dy \cdot 1)\frac{dx}{2} = 0$$

$$\therefore \quad (\tau_{yx} - \tau_{xy}) + \left(\frac{\partial \tau_{yx}}{\partial y}dy - \frac{\partial \tau_{xy}}{\partial x}dx\right)/2 = 0 \tag{2.15a}$$

となり、上式で$dx \to 0$, $dy \to 0$の極限を考えれば次式となる。

$$\tau_{xy} = \tau_{yx} \tag{2.15b}$$

yz平面、zx平面内のモーメントのつりあいを考えると、同様な関係式

$$\tau_{zy} = \tau_{yz}, \quad \tau_{xy} = \tau_{zx} \tag{2.15c}$$

を得る。上式より、せん断応力の添字の順序を入れかえても、せん断応力の値は変わらないことがわかる。

問 2.8 図2.23の直方体に作用するy軸方向の応力すべてを書き出し、物体力Yを加えてつりあい式$\sum F_y = 0$を立て、式(2.14)に相当する式を導け。

問 2.9 図2.23より、zx平面（y面）内の応力のみを描き、$dx=1$とおいて式(2.15a)と同様のモーメントのつりあい式を立てよ。また、式(2.15c)の$\tau_{zy}=\tau_{yz}$を導け。

2.6.3 変位とひずみ

物体に力が作用すると、内部に応力が生じると同時に、ひずみが生じ、これが物体中で累加されて変形[1]となって現れる。

構造物の変形量はそれ自体で問題となるほか、支持点の多い構造やほかの構造と結合している構造[2]では、支点や結合点で変形が拘束されるため、部材内の応力状態も影響を受ける。したがって、断面力や応力を求めるときにも、変形の解析は重要となる[3]。また、通常の構造材料では、ある応力値以下で応力とひずみとの間に比例関係があり、物体内の応力は直接には測定できないので、応力測定といいつつも、実際にはひずみの測定[4]を行い、比例関係を利用して応力を求めるのが普通である。

---

1) 変位（displacement）とは位置を変えることであり、変形（deformation）とは形を変えることである。一般に変位量、変形量、たわみ量の間に厳密な区別をしないで用いることが多いが、支点のように変形しないものには"変位"を用いる。
2) 不静定構造といい、詳しくは第6章で学ぶ。
3) 今日、実務での構造計算はほとんどコンピュータによってなされるが、そこでは初めに各部の変位が計算され、それをもとに応力、変位が計算される。
4) ひずみの測定には3～30 mmほどの電気抵抗線（または箔）ひずみゲージ（一般にはひずみゲージまたはストレインゲージという）を部材表面に直接貼りつけて、ひずみの変化を電気抵抗の変化にかえて電圧測定を行うことによってひずみを知ることが一般的である。別の方法として小さな鋼球（$\varphi=1\sim2$ mm）を30～100 mmの間隔で物体表面に打ち付け、その間の変位量を高精度の変位計で直接測定することもある。最近では物体表面のデジタル画像をひずみの変化ごとに撮り、画像解析を行って領域のひずみ分布の変化を得ることも行なわれている。

〔1〕**一軸方向ひずみ**　断面積が等しく，長さのみ異なる2本の部材を**図2.25**(a)に示すように，同じ力Pで引張ったとき，材端の変位量は明らかに長い棒のほうが大きい。しかし，力をさらに増すと，やがて2本の棒は同時に破壊する。すなわち，同じ力を受けるときにはこの2本の棒の材料の破壊危険度は同じであり，部材の全体の伸び量だけからこれを判断することはできない。このような材料力学的な判断を行うときには，変位量ではなく，単位長さ当たりの変位量，すなわち，**ひずみ**（**strain**）を考える必要がある。一軸方向の棒のひずみε（イプシロン）は図(b)に示すように，物体内の微小距離Δx離れた2点C, Dを考えたとき，点Cの変位をu，点Dの変位を$u + \Delta u$とすると，次のように定義される。

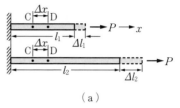

$$\varepsilon = \lim_{\Delta x \to 0} \frac{(u+\Delta u)-u}{\Delta x} = \lim_{\Delta x \to 0} \frac{\Delta u}{\Delta x} = \frac{du}{dx} \qquad (2.16)$$

図2.25　一軸方向の変位

これを言葉で簡単にいえば"ひずみ=（伸びdu）/（もとの長さdx）"となる。長さdxの棒の伸びduは，上式から$du = \varepsilon dx$で表されるから，もし部材各点のひずみεがわかっているときには，長さlの棒の伸び量Δlは，次の積分から求められる。

$$\Delta l = \int_0^l du = \int_0^l \varepsilon dx \qquad (2.17)$$

均質で，等断面の棒では，長さ方向のどの点でもひずみεは等しく

$$\Delta l = \varepsilon \int_0^l dx = \varepsilon l \quad \text{あるいは} \quad \boxed{\varepsilon = \Delta l / l} \qquad (2.18)$$

式(2.8)では応力σを断面積上で積分して合応力（断面力）を求めたのに対し，式(2.17)ではひずみεを長さ方向に積分して変位量Δlが求められている。

問　2.10　径が同じで長さの異なる2本のボルトで，異なった部材厚を同じボルト軸力となるよう締めた。2本のボルトのひずみは同じか。また，ボルト全体の変位はどうか。

〔2〕**軸方向ひずみ**　物体中の変形前の微小区間ABが，**図2.26**のように，変形後にA'B'になったとする。このときの変位は，一般に任意の方向を向いているから，これを取り扱いやすいように応力と同様x, y, zの直交軸方向の変位成分u, v, wに分けて考える。ここでuはx方向の変位であるが，物体内の位置によってuはその大きさが異なり，xだけの関数ではないから，x方向のひずみε_xはもはや式(2.16)のようには書けず，$u(x, y, z)$のx方向に限った（偏った）変化量，すなわち偏微分で表し$\partial u / \partial x$と書く。y, z方向のひずみ$\varepsilon_y, \varepsilon_z$も同様であり，結局

$$\varepsilon_x = \frac{\partial u}{\partial x} \quad \varepsilon_y = \frac{\partial u}{\partial y} \quad \varepsilon_z = \frac{\partial u}{\partial z} \qquad (2.19)$$

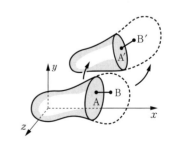

図2.26　物体内の2点の変位

と表す。これらの軸方向ひずみは図2.23に示した垂直応力成分$\sigma_x, \sigma_y, \sigma_z$と対応しており，**垂直ひ**

ずみまたは**直ひずみ**（**normal strain**）という。

図2.27（a）はx, y軸方向に同時に直ひずみを生じて変形する微小物体要素を示している。また図（b）は次に述べるせん断ひずみを示している。

〔3〕**せん断ひずみ**　物体内の微小部分を取り出したとき，その表面にせん断応力τが作用すると（図2.27（b）参照），その微小物体は概念的に**図2.28**に示すように，結晶粒子間にすべりを生じるような変形を生じる。これを**せん断変形**（**shear deformation**）という。xy平面内のせん断変形を変位成分u, vで表すと，図2.27（b）のようになる。同図では，x方向の変位uは辺ACに沿ってy方向に比例的に変化し，辺ACは角度$\partial u/\partial y$を生じ，また，y方向の変位vはx方向の位置によって比例的変位を生じ，辺ABは角度$\partial v/\partial x$を生じて菱形に変形している。**せん断ひずみ**（**shear strain**）γ（ガンマ）はこの角度の変化の和によって定義する。すなわち，xy平面内のせん断ひずみγ_{xy}, γ_{yx}を

$$\gamma_{xy} = \gamma_{yx} = \frac{\partial v}{\partial x} + \frac{\partial u}{\partial y} \tag{2.20a}$$

と表す。γの添字x, yは，角度変化の生じる面内（すなわち，xy平面のひずみ）を表している。せん断ひずみの正の方向は，変位u, vの正の方向がそれぞれx, y軸方向であるとき，式（2.20a）の値が正となるようなひずみ状態とする。これは図2.24に示すせん断応力τ_{xy}, τ_{yx}によって生じる変形の方向と一致している。

xz平面，yz平面内におけるせん断ひずみγ_{xz}, γ_{yz}も式（2.20a）のx, y, zおよびそれに対応する変位u, v, wを順にかえて得られ

$$\gamma_{zx} = \gamma_{xz} = \frac{\partial u}{\partial z} + \frac{\partial w}{\partial x}, \quad \gamma_{yz} = \gamma_{zy} = \frac{\partial w}{\partial y} + \frac{\partial v}{\partial z} \tag{2.20b}$$

以上，式（2.19），（2.20a, b）によって六つのひずみ成分$\varepsilon_x, \varepsilon_y, \varepsilon_z, \gamma_{xy}, \gamma_{yz}, \gamma_{zx}$が定義されたが，これらはたがいに独立ではない。これらは三つの変位成分u, v, wによってたがいに関係づけられているから，これらの式よりu, v, wを消去したとすると，ひずみ成分は三つの式によって関係づけることができる[1]。

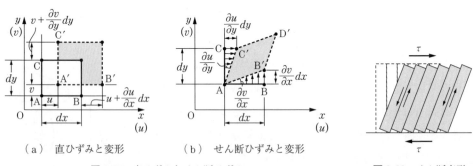

（a）直ひずみと変形　　（b）せん断ひずみと変形

図2.27　直ひずみとせん断ひずみ　　　　**図2.28**　せん断変形

---

[1]　このような拘束条件式を**ひずみの適合条件**（**compatibility condition of strain**）**式**という。

2.6.4 弾性体の応力-ひずみ関係（フックの法則）

〔1〕**ヤング係数**　一般的な構造材料では，ある応力値以下で一軸方向の応力 σ とひずみ ε との間に次の比例関係がある。

$$\sigma = E\varepsilon \tag{2.21}$$

これを**フックの法則**（Hooke's law）という。ここで比例定数 E は材料の**ヤング係数**（Young's modulus）または（縦）**弾性係数**（modulus of elasticity）と呼ばれ，図 2.29 の応力-ひずみ関係の直線の傾きを表

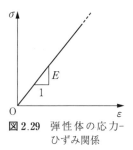

図 2.29　弾性体の応力-ひずみ関係

す。フックの法則に従う物体を**弾性体**（elastic body）といい，係数 E はその材料の力学的性質を表す最も重要な量の一つであり，材料に固有の値でこの値が大きいほど剛である。ある材料のヤング係数 E は次項 2.6.5 で述べる引張試験または圧縮試験によって求めることができ，その値は鋼ではおおよそ $200\,\mathrm{kN/mm^2}$，コンクリートでは $23 \sim 35\,\mathrm{kN/mm^2}$ である。

問 2.11　長さ l，断面積 A，ヤング係数 E の棒を力 P で引っ張った。伸び Δl はどれほどか〔ヒント：Δl に比例する量または反比例する量はなにか〕。

〔2〕**棒の変位量**　図 2.21 に示す一軸方向力を受ける棒の応力は式 (2.10) より $\sigma = P/A$ で，また長さ l の棒の伸びを Δl とおき，この棒の長さ方向の一様なひずみを ε とすると，式 (2.18) より $\varepsilon = \Delta l / l$ である。この 2 式を式 (2.21) に代入すると

$$\left(\frac{P}{A}\right) = E\left(\frac{\Delta l}{l}\right)$$

よって，棒の変位量 Δl は

$$\Delta l = \frac{l}{EA}P \tag{2.22a}$$

あるいは

$$P = \frac{EA}{l}\Delta l = k\Delta l \quad (k = EA/l) \tag{2.22b}$$

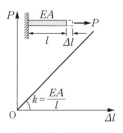

（a）棒の力と変位

式 (2.22b) は，ばね定数 k のばねの力 P と伸び Δl との関係と同じである。すなわち，構造力学で扱う棒（弾性体）は，ばね定数 $k = EA/l$ のばねであると考えてよい（図 2.30（a））。

〔3〕**はりのたわみ角**　曲げを受けるはりも板ばねと変わるところはなく，図 2.22 に示すような曲げ M を受ける長さ l のはりの断面回転角 θ（シータ）は，作用モーメント M と次の比例関係がある（図 2.30（b））。

$$M = \frac{EI}{l}\theta = k_m \theta \tag{2.23a}$$

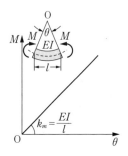

（b）曲げ材のモーメントと回転角

図 2.30　弾性部材の力と変位の関係

上式中の I は断面形によって定まる定数。はりでは，一般に曲げモーメント M がはりの長さ方向に変化するので，l ではなく，はりの微小区間 dx での断面回転角 $d\theta$ を考える。式 (2.23a) より

$$M = \left(\frac{EI}{dx}\right) d\theta = EI\varphi \qquad (\varphi = d\theta/dx) \tag{2.23 b}$$

ここに，φ（ファイ）は曲げられたはりの dx の区間の曲率である。
断面定数 I（断面 2 次モーメント）および上式の詳細は第 4 章の 4.5, 4.6 節で学ぶ。

〔4〕**ポアソン比**　ところで，**図 2.31** のような物体を x 軸方向に引っ張ると応力 σ_x とひずみ ε_x が生じると同時に，それと直角方向には，ε_x に比例する圧縮ひずみ ε_y, ε_z が生じる。すなわち

$$\varepsilon_y = -\nu\varepsilon_x, \quad \varepsilon_z = -\nu\varepsilon_x \tag{2.24}$$

この比例定数 ν（ニュー）を**ポアソン比**（**Poisson's ratio**）といい，E と同様，材料に固有の値[1]で，鋼，およびコンクリートの値はそれぞれ約 0.3 および 0.16〜0.2 である。ν の逆数 m（$=1/\nu$）を**ポアソン数**（**Poisson's number**）という。図 2.31 で x 軸方向に圧縮すれば，y, z 軸方向にはふくらみ，$\varepsilon_y, \varepsilon_z$ は引張ひずみとなる。ε_x を縦ひずみ，$\varepsilon_y, \varepsilon_z$ を横ひずみともいう。

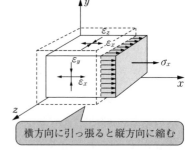

図 2.31　軸方向ひずみと直交するひずみ

問 2.12　図 2.31 の直方体の x, y, z 方向の長さを l_x, l_y, l_z とする。応力 σ_x が作用したとき，x 軸方向に伸び $\Delta l_x = \varepsilon_x l_x$ が生じ，x 方向の長さは $l_x + \Delta l_x$ となる。横方向には式 (2.24) によって縮みが計算できる。ポアソン比 $\nu = 0.3$ として，体積の変化割合を調べよ。また体積変化がない物体（ゼラチンなど）の ν の値はいくらか。

〔5〕**2 次元応力状態でのフックの法則**　応力 σ_x によって生じるひずみ成分 ε_x は，式 (2.21) $\sigma = E\varepsilon$ より求められ，さらに，式 (2.24) より $\varepsilon_y, \varepsilon_z$ が求められるから，これらは σ_x によって次のように表される。

$$\varepsilon_x = \frac{\sigma_x}{E}, \quad \varepsilon_y = -\nu\frac{\sigma_x}{E}, \quad \varepsilon_z = -\nu\frac{\sigma_x}{E} \tag{2.25 a}$$

応力 σ_y あるいは σ_z のみが作用する場合も同様に

$$\left.\begin{array}{l} \sigma_y \text{によって} : \varepsilon_y = \dfrac{\sigma_y}{E}, \quad \varepsilon_z = -\nu\dfrac{\sigma_y}{E}, \quad \varepsilon_x = -\nu\dfrac{\sigma_y}{E} \\[2mm] \sigma_z \text{によって} : \varepsilon_z = \dfrac{\sigma_z}{E}, \quad \varepsilon_x = -\nu\dfrac{\sigma_z}{E}, \quad \varepsilon_y = -\nu\dfrac{\sigma_z}{E} \end{array}\right\} \tag{2.25 b}$$

もし，三つの応力 $\sigma_x, \sigma_y, \sigma_z$ が同時に作用するときには，x 方向のひずみ ε_x は上の三つの式の ε_x を重ね合わせて求められる（これを重ね合わせの原理という）。すなわち

$$\varepsilon_x = \frac{1}{E}\{(\sigma_x - \nu(\sigma_y + \sigma_z)\} \tag{2.26 a}$$

ε_y および ε_z についても同様に表される。これらをまとめてマトリックス表示すると

$$\begin{bmatrix} \varepsilon_x \\ \varepsilon_y \\ \varepsilon_z \end{bmatrix} = \frac{1}{E} \begin{bmatrix} 1 & -\nu & -\nu \\ -\nu & 1 & -\nu \\ -\nu & -\nu & 1 \end{bmatrix} \begin{bmatrix} \sigma_x \\ \sigma_y \\ \sigma_z \end{bmatrix} \tag{2.26 b}$$

---

[1]　液体はどの方向に押しても体積の変化がなく，$\nu = 0.5$ となる。

以上は垂直応力と直ひずみとの関係であるが，弾性体ではせん断応力 τ とせん断ひずみ γ との間にも比例関係があり，次式が成り立つ（**図 2.32**）。

$$\tau_{xy} = G\gamma_{xy}, \quad \tau_{yz} = G\gamma_{yz}, \quad \tau_{zx} = G\gamma_{zx} \tag{2.27}$$

ここに G は**せん断弾性係数**（**shear modulus**）または**剛性率**（**modulus of rigidity**）といい，E と ν によって次のように表される。

$$G = \frac{E}{2(1+\nu)} \tag{2.28}$$

xy 平面内での応力成分 $\sigma_x, \sigma_y, \tau_{xy}$ をひずみ成分 $\varepsilon_x, \varepsilon_y, \gamma_{xy}$ で表すと，式 (2.26 b) で $\sigma_z = 0$ とおいて解き

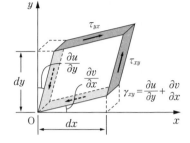

図 2.32 せん断応力とせん断ひずみ

$$\sigma_x = \frac{E}{1-\nu^2}(\varepsilon_x + \nu\varepsilon_y), \quad \sigma_y = \frac{E}{1-\nu^2}(\nu\varepsilon_x + \varepsilon_y) \tag{2.29 a}$$

式 (2.27), (2.28) より

$$\tau_{xy} = \frac{E}{2(1+\nu)}\gamma_{xy} = \frac{E}{1-\nu^2} \cdot \frac{1}{2}(1-\nu)\gamma_{xy} \tag{2.29 b}$$

以上をマトリックスで表現すると

$$\begin{bmatrix} \sigma_x \\ \sigma_y \\ \tau_{xy} \end{bmatrix} = \frac{E}{1-\nu^2} \begin{bmatrix} 1 & \nu & 0 \\ \nu & 1 & 0 \\ 0 & 0 & (1-\nu)/2 \end{bmatrix} \begin{bmatrix} \varepsilon_x \\ \varepsilon_y \\ \gamma_{xy} \end{bmatrix} \tag{2.29 c}$$

このような"応力"と"ひずみ"を関係づける式をその材料の**構成方程式**（**constitutive equation**）と呼ぶことがある。また，上式のような応力-ひずみに関する比例関係を**一般化フックの法則**（**generalized Hooke's law**）ともいう。

問 2.13 式 (2.26 b) で，$\sigma_z = 0$ とおいて，応力成分 $\sigma_x, \sigma_y, \tau_{xy}$ をひずみ成分 $\varepsilon_x, \varepsilon_y, \gamma_{xy}$ で表せ。

2.6.5 構造材料の応力-ひずみ関係

〔1〕**一般構造用鋼（軟鋼）の応力-ひずみ関係** 構造物に一般的に用いられる構造用鋼（軟鋼）を一軸方向に引張試験を行うと，**図 2.33** に示すような応力-ひずみ関係が得られる。

縦軸の応力 σ は，試験機の荷重計の読み P を試験片断面積 A で除して求められ（$\sigma = P/A$），横軸のひずみ ε は，ひずみゲージ（p.28 脚注 4 参照）の読み，または高精度変位計の読み（δ）を標点間距離（l）で除した値（$\varepsilon = \delta/l$）から求める。

鋼の材料特性のうち最も重要な項目は**降伏応力**[1]（**yield stress**）σ_Y で，設計では材料の破壊に対してこの値を基準に用いる。図中に示した上降伏点は，試験の際の載荷速度によってその値がかなり変化するので，降伏応力としては降伏開始ひずみ ε_Y 以後の塑性流れ域において，載荷によるひずみ速度が十分遅い状態での応力値，すなわち**下降伏点**を基準値に用いるほうが合理的である。

---

1) 降伏強度，降伏点ともいう。橋梁などでは $\sigma_Y = 300 \text{ N/mm}^2$ 以上の鋼材 SM 490, SM570 を用いることが多い。

降伏応力は鋼種によって異なるが，低いものでも1 cm² 当たり約 24 kN（240 N/mm²）ある[1]。

ヤング係数 E の値は，どの鋼種でもほぼ一定値 2.0×10^5 N/mm²（200 kN/mm²）を有し，ポアソン比 ν の値は 0.3 程度である。図中の弾性範囲内では，荷重を除くと応力の減少とともに，元の直線に沿ってひずみは 0 に戻る。しかしながら，図中の点 A のような塑性域で除荷を行うと，荷重が 0 となるまでは応力-ひずみ（σ-ε）関係は傾きがほぼ E に

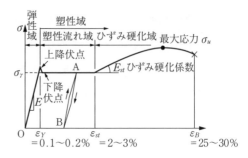

図 2.33　一般構造用鋼（軟鋼）の応力-ひずみ図

等しい直線状の径路をたどるが，荷重を完全に取り去ってもひずみは点 B に留まったままで 0 には戻らない。この OB 間のひずみを**残留ひずみ**（**residual strain**）といい，材料には永久変形が残る。点 B から再び載荷を始めると点 A に戻るが，この間，図のようなわずかなループを描く。さらに引張りを続けると，応力の増加は見られないものの，ひずみが進行して**ひずみ硬化**（**strain hardening**）開始点 ε_{st} に至り，再び応力が増加して**最大応力**（**maximum stress**）σ_u に達したあと，さらに伸びを生じるが断面積 A は減少し，A＝一定として求めた応力も低下して破断する。

このように，鋼は降伏開始ひずみから破断までの伸びが非常に大きく，構造物の安全性を高めるためにきわめて有利な特性を有している。鋼材料を圧縮した場合の応力-ひずみ関係も，試験体が曲がらない限り，最大応力に達するあたりまでは図 2.33 とほとんど同じ結果が得られる。

〔2〕**非鉄金属材料の応力-ひずみ関係**　アルミニウム合金や銅などの非鉄金属材料の応力-ひずみ関係は，図 2.34（a）のようになり，明確な降伏点をもたないため，残留ひずみが 0.2% 生じるような応力 $\sigma_{0.2}$ を **0.2%耐力**（**0.2% offset strength**）と呼び，降伏応力の代わりの基準に用いる。

構造用アルミニウム合金の $\sigma_{0.2}$ 耐力は軟鋼の σ_Y に近い値に達するが，E の値は鋼の 1/3 程度である。自重も鋼の 1/3 程度で，軽いが柔らかくてたわみ易い。

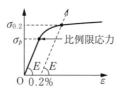
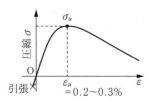

（a）非鉄金属の応力-ひずみ曲線　　（b）コンクリート材料の応力-ひずみ曲線

図 2.34

高張力鋼の応力-ひずみ関係は，軟鋼のような明瞭な降伏点をもたず，むしろ図（a）に近い形となる。引張強さ（最大応力）は 600 〜 900 N/mm² に達する。

〔3〕**コンクリート材料の応力-ひずみ関係**　コンクリート材料は，配合によって強度定数に大きな差が生じるが，一軸圧縮時の応力-ひずみ関係は，ほぼ図 2.34（b）のようになり，最大強度

1）　指 1 本程度の太さ（約 1 cm²）の鋼棒で，おおよそ 1 m³ のコンクリート（約 2.4 t，24 kN）または乗用車 2 〜 3 台分（2 〜 3 tf）をつり下げられる。これに対応する降伏ひずみ ε_Y は約 1200μ（μ：マイクロ；10^{-6}）である。

までの応力-ひずみ曲線は最大応力点（σ_u, ε_u）を頂点とする放物線で近似できる[1]。最大圧縮強度 σ_u は 20〜80 N/mm² 程度で，鋼材の最大引張強度の約 1/10 程度である。引張強度は圧縮強度の 1/10 程度あるが，通常の設計では，これを無視する。図 2.33 に示す鋼材料に比べ，伸びが少なく，高強度コンクリートでは脆性的すなわち急激な破壊を示す。したがって，構造部材としてコンクリートを単独で用いることはほとんどなく，圧縮力はコンクリートで，引張りの生じる個所には鉄筋を入れて補強し，**鉄筋コンクリート**（**reinforced concrete**，**RC**）として用いる[2]。最大強度 σ_u に達した後，応力はなだらかに低下するがコンクリート内部にはすでに多くの亀裂が入っており，試験体ごとの曲線のばらつきは大きい。最大強度以降の σ-ε 曲線は 1 本または 2 本の直線で近似できる。通常の設計では σ_u の 1/3 程度の強度を基準値に用い[3]，この範囲を直線と見なしてヤング係数を定める。ヤング係数 $E_c = 2.3 \sim 3.5 \times 10^4$ N/mm²，ポアソン比 $\nu = 1/6$，鉄筋のヤング係数 E_s との比 $n = E_s/E_c = 15$ を用いることが多い。

〔4〕**理想弾塑性体の応力-ひずみ関係**　図 2.35 に示すように，応力が降伏応力に達した後は応力の増加はなく，ひずみだけが増加するような材料を**完全弾塑性材料**（**perfectly elasto-plastic material**），または**理想弾塑性体**（**ideally elasto-plastic body**）という。このような材料は実際には存在しないが，鋼材料のひずみ硬化前の σ-ε 関係をよく表しているので，降伏以後の弾塑性挙動を調べるときなどによく用いられる。

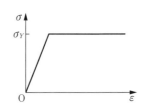

図 2.35　理想弾塑性体の応力-ひずみ関係

2.6.6　一軸方向力を受ける部材の破壊と応力状態

〔1〕**すべり破壊**　表面をきれいに仕上げた細長い鋼板の引張試験を行うと，降伏の開始点で試験片の表面には図 2.36（a）に示すような**すべり線**（**slip line**）または**すべり帯**（**slip band**）が引張方向と約 45°の方向に生じるのが観察される[4]。これを**リューダース線**（**Lüder's line**），または**リューダース帯**（**Lüder's band**）という。さらに変形を増大させると図 2.33 の σ-ε 関係の塑性域に入るが，ここでは応力の増加はなく，すべり帯の数が増加し（図（b）），やがて試験体の全表面に広がって，ひずみ硬化域に入る（図（c））。鋼板の圧縮試験を行ってもすべり線が見られる[5]。

コンクリートのような多結晶材料の部材を圧縮した場合も図 2.37 のように最大応力に近づくに

---

1) 当然のことながら 3 次式のほうがよく近似できる。ほかにもいくつかの近似式が提案されているが材料そのものに大きなばらつきがあるため厳密な σ-ε 関係式の追求はあまり意味がない。
2) さらに高強度の構造物とするために，高強度の PC 鋼棒や，鋼ワイヤーであらかじめコンクリートに圧縮力を与えたコンクリート（pre-stressed concrete，PC）を用いる。
3) 新しい限界状態設計法では σ_u の 1/1.3 程度の大きさを設計基準強度に用いる。また E の値は圧縮強度が大きいほど大きく，各種設計示方書に与えられている。
4) 試験片の表面に水で溶いた薄い石灰液を塗り，乾燥後に試験を行うとこのすべり線が明瞭に観察できる。すべり線は試験片内部では断層のようにすべり面となって広がっており，すべり線上のひずみは図 2.33 の降伏ひずみ ε_Y から硬化ひずみ ε_{st} まで急激に増加して止まっている。すべり線上にないひずみは ε_Y に近い値のままであまり変動しない。図 2.33 の σ-ε 図は試験体上のある長さの平均的なひずみを表している。
5) 圧縮した場合は板表面には圧縮方向に直角に，板厚方向には 45°方向にすべり線が見られる。

従って，約 45°の方向に数本のクラックが発生しつつ，クラックの幅が大きくなって耐力を失う[1]。このように鋼材料の降伏，あるいは多結晶材料の圧縮破壊は，結晶粒子が引張方向に引きちぎられたり，あるいは圧縮方向に押しつぶされた結果，生ずるのではなく，それ以前に結晶粒子間に斜めのずれ，またはすべりが生じて強度が失われることが確かめられている。このことから材料の破壊には物体中にすべりを生じさせるせん断応力が深く関係していることが想像される。

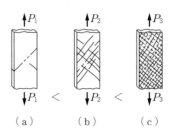

図2.36 鋼材のすべり線の発達

ところで一軸方向力を受け，その方向には一様な垂直応力 σ_x のみ生じる物体内部に，せん断応力はあるのであろうか。また，このようなすべり線はなぜ 45°付近の傾斜角に生じるのであろうか。これらを知るために物体内部のある断面上の応力状態を調べてみよう。

図2.37 多結晶材料の圧縮によるすべり線

〔2〕**傾斜面上の応力**　図2.38は x 軸方向に引張力 P_x のみが作用する薄板で，x 軸に垂直な面の断面積を A とすると，断面上には一様な垂直応力 $\sigma_x = P_x/A$ が生じている。この面上にせん断応力はない。いま，この物体内部で図のように y 軸から傾き φ （ファイ）の断面 t-t を考え，この断面上に垂直応力 σ_n とせん断応力 τ_n があると仮定する。これが傾き φ によってどう変化するか調べてみよう。

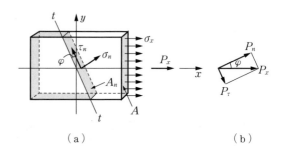

図2.38 傾斜面上の応力

傾斜面の断面積 A_n は図より $A_n = A/\cos\varphi$ となる。x 軸方向の作用力 P_x を傾斜した t-t 断面に対して垂直な方向の力 P_n と接線方向の力 P_τ とに分解すると，図2.38（b）を参照して

$$P_n = P_x \cos\varphi, \quad P_\tau = P_x \sin\varphi \tag{2.30}$$

t-t 断面上の垂直応力 σ_n とせん断応力 τ_n は次式のように求められる。P_τ と τ_n の方向に注意して

$$\left.\begin{aligned}\sigma_n &= \frac{P_n}{A_n} = \frac{P_x \cos\varphi}{(A/\cos\varphi)} = \sigma_x \cos^2\varphi = \frac{\sigma_x}{2}(1+\cos 2\varphi) \\ \tau_n &= \frac{-P_\tau}{A_n} = \frac{-P_x \sin\varphi}{(A/\cos\varphi)} = -\sigma_x \sin\varphi \cos\varphi = \frac{-\sigma_x}{2}\sin 2\varphi\end{aligned}\right\} \tag{2.31}$$

上式から傾き φ の断面上の垂直応力とせん断応力とが計算できる。また，これを図上に表すことができる。

---

[1] コンクリート部材では，もし試験体上下端面で横方向の変形の拘束がないように摩擦を切って圧縮したときには，ポアソン比の効果（横方向に伸びる）と引張耐力が小さいことにより，試験体に縦方向に複数の引張亀裂が入り，低い圧縮荷重で破壊する。

〔3〕**モールの応力円**　式 (2.31) の上の式を $\sigma_n - \sigma_x/2 = (1 + \cos 2\varphi)$ と変形して二乗し，式 (2.31) の下の τ_n の式の二乗と加え合わせてみよう。σ_n を X，τ_n を Y とおくと

$$\left(X - \frac{\sigma_x}{2}\right)^2 + Y^2 = \left(\frac{\sigma_x}{2}\right)^2$$

上式は，明らかに X-Y 座標上の半径 $\sigma_x/2$，中心座標 $(\sigma_x/2, 0)$ の円を表している。σ_n を横軸に，τ_n を縦軸にとり，これを図示すると**図 2.39** のようになる。この円は**モールの応力円**（**Mohr's stress circle**）[1] と呼ばれ，円周上に右まわりに中心角 2φ となる点 A をとると，その座標値は，式 (2.31) の σ_n と τ_n を示している。

式 (2.31) またはモールの応力円からわかるように，$\varphi = 0$ のとき，$\sigma_n = \sigma_x$，$\tau_n = 0$ となって，図 2.38（a）の x 軸に垂直な面の応力状態を表す。またモール円上の点 A が円の真上あるいは真下にきたとき，すなわち，$2\varphi = \pm\pi/2(\varphi = \pm 45°)$ のとき，τ の絶対値は最大となり，τ の最大値は

$$\tau_{\max} = \frac{\sigma_x}{2} \tag{2.32}$$

となる。これを先に述べた破壊のすべり線が 45° 付近で生じたという実験的事実と照らし合わせて考えると，45° のすべり面ではせん断応力 τ が最大となっているのであり，材料は一般にせん断的な応力に弱く，すべり破壊を生じやすいと考えられる。鋼材料では一軸応力 σ_x が降伏応力 σ_Y のとき降伏が生じるから，このとき，純せん断（すべり）に対しては式 (2.32) より，σ_Y の 1/2 程度のせん断応力[2] で降伏ないし，破壊を生じることがわかる。実際に軸引張力 P で破壊するボルトにせん断力を加えると，おおよそ $P/2$ の力[3] で破壊するから注意が必要である（**図 2.40**（b））。

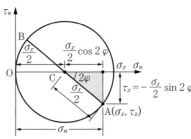

図 2.39　一軸作用応力状態でのモールの応力円

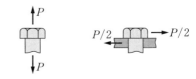

（a）軸引張力　　（b）せん断耐力

図 2.40　ボルトのせん断耐力

2.6.7　二軸方向応力状態

〔1〕**降伏条件**　物体に一方向の力だけでなく，**図 2.41** のように x と y の二軸方向に力が作用する場合，降伏応力は前に示したものとは異なってくる。金属材料を二軸応力下で実験してみると，図 2.41（a）に示すような二軸方向に同時に引張力（または両者とも圧縮力）を作用させたときには，一軸方向のみの応力状態のときより降伏応力がわずかに上昇する。しかし図（b）のように一方向が引張りで，他方向が圧縮応力の場合には，それぞれの応力が降伏応力の約半分程度でも材料の降伏が始まる。

　1）　このような作図法は 1882 年にオットー・モール（Otto Mohr）（独）により提案された。
　2）　降伏に対する最大せん断応力説という。p.38 脚注 1），2）参照。
　3）　次頁脚注 2）のミーゼスの降伏条件（最大せん断エネルギー説）によれば，$P/\sqrt{3} \fallingdotseq 0.577P$ の力。

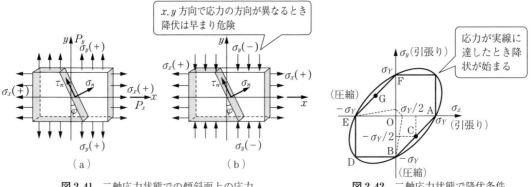

図2.41 二軸応力状態での傾斜面上の応力　　図2.42 二軸応力状態で降伏条件

二軸応力状態での降伏開始応力を図示すると，**図 2.42** の六角形[1]またはそれに外接する楕円形状[2]となり，これを式で表したものを**降伏条件式**（**yield criterion formula**）という。金属のような延性材料の実験値は，両降伏条件の間に位置している。

両座標軸の正の方向を引張りとすると，図 2.42 の AB を結ぶ斜めの直線上は，図 2.41（b）に示す応力状態，すなわち，x 軸方向が引張り，他方が圧縮応力の場合に相当し，例えば，図の AB の中点 C（または EF の中点 G）では両者の応力がそれぞれ一軸応力の場合の降伏応力 σ_Y の 1/2 で材料の降伏が始まることを示している。実際の構造物でもこのような**二軸応力状態**（**biaxial stress state**）となっている部分では，一軸応力状態で考えていた場合より早期に降伏が始まるので注意をしなければならない。

コンクリートのように，引張力にきわめて弱い材料では，図 2.42 の点 O 近くに描いた破線および左下の圧縮領域の直線（または曲線）BDE が降伏条件となる。実務設計では一般に，コンクリートの引張強度は考えない。

〔2〕二軸応力状態での傾斜断面上の応力　　図 2.41（a）の二軸応力状態において，y 軸から φ だけ傾いた断面上の応力 σ_n, τ_n を求めよう。x 軸方向の応力 σ_x のみによる σ_n, τ_n の値は式（2.31）で求められており，x 軸から $\pi/2$ だけ傾いた y 軸方向の応力 σ_y による傾斜断面上の応力を σ_n', τ_n' とおくと，これらも式（2.31）を利用して，σ_y で表現できる。すなわち，同式の φ の代わりに $\varphi - \pi/2$ とおき，σ_x を σ_y におきかえると

$$\sigma_n' = \frac{\sigma_y}{2}\{1+\cos(2\varphi-\pi)\} = \frac{\sigma_y}{2}(1-\cos 2\varphi), \quad \tau_n' = \frac{-\sigma_y}{2}\sin(2\varphi-\pi) = \frac{\sigma_y}{2}\sin 2\varphi \quad (2.33)$$

よって，x, y 両軸方向の力による傾斜面上の応力は式（2.31）と式（2.33）とを加え合わせ，改めて σ_n, τ_n とおくと

---

[1] トレスカの降伏条件（最大せん断応力説）という。せん断降伏応力 $\tau_Y = \sigma_Y/2$
[2] ミーゼスの降伏条件（最大せん断ひずみエネルギー説）といい，金属材料に対して今日最も受け入れられている降伏条件である。せん断降伏応力は $\tau_Y = \sigma_Y/\sqrt{3}$ が実務設計で用いられる。$\sigma_Y = \sqrt{(\sigma_1-\sigma_2)^2+\sigma_1^2+\sigma_2^2}$ $= \sqrt{\sigma_x^2-\sigma_x\sigma_y+\sigma_y^2+3\tau_{xy}^2}$（$\sigma_1, \sigma_2$ は後で述べる主応力）。
　　伊藤學著：改訂 鋼構造学（増補）（土木系大学講義シリーズ 11），コロナ社（2011）参照。

$$\sigma_n = \frac{\sigma_x + \sigma_y}{2} + \frac{\sigma_x - \sigma_y}{2} \cos 2\varphi, \quad \tau_n = -\frac{\sigma_x - \sigma_y}{2} \sin 2\varphi \tag{2.34}$$

式 (2.34) に対しても前と同様，上の式を変形して二乗し，下式の二乗と加え合わせれば，中心座標 $[(\sigma_x + \sigma_y)/2, 0]$，半径 $(\sigma_x - \sigma_y)/2$ の円の方程式となり，図 2.43 に示す**モールの応力円**を描くことができる。この円を利用すれば式 (2.34) を計算しなくても，円周上に右まわりに傾斜角 2φ なる点 A を取ると，その座標が傾斜面上の応力 σ_n, τ_n を表す。

傾斜断面の傾き φ が大きくなるに従って点 A は円周上を右まわりに進み，$2\varphi = \pm \pi/2$ ($\varphi = \pm 45°$) のとき，τ_n の絶対値は最大となり，その最大および最小値は

$$\tau_{\max}, \tau_{\min} = \pm \frac{\sigma_x - \sigma_y}{2} \tag{2.35}$$

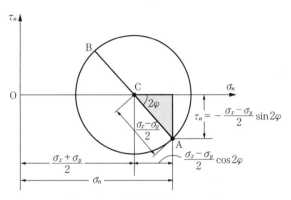

図 2.43 二軸応力状態のモール円

となることがこの図からわかる。

興味深いことは，二軸応力状態でも試験体の破壊時のすべり線は，σ_x, σ_y の値にかかわらず，荷重の作用軸 x, y から 45°の傾きを有する断面上に生じることである。また式 (2.32) のあとに述べたように，$\tau_{\max}, \tau_{\max} = \pm \sigma_Y/2$ となるとき材料が破壊するものと考えると，これらを式 (2.35) に代入して整理すれば，図 2.42 の降伏条件の斜めの直線部分 AB, EF を表す式となる。

2.6.8 平面応力状態

〔1〕傾斜面上の応力 いままでは x, y 軸方向の垂直応力 σ_x, σ_y のみが作用する場合の内部応力状態を調べたが，より一般的にはこれに加えて図 2.44 (a) に示すようにせん断応力 τ_{xy}, τ_{yx} も同時に作用する状態を考えなければならない[1]。

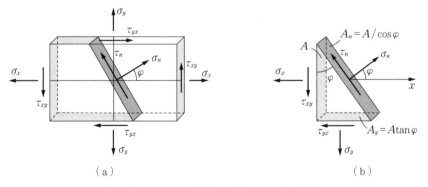

図 2.44 つりあい応力状態下の傾斜面上の応力

---

1) 力を受けるある物体内，あるいは物体表面でのこれらの応力成分の大きさは，今日ではコンピュータによる構造解析によって求められるほか，ひずみゲージや，画像計測などを用いたひずみの実測結果からも知ることができる。

そこで，図2.44（a）に示す，y軸から角度φだけ傾斜した断面上の垂直応力σ_n，せん断応力τ_nの値を調べてみよう．図（b）は図（a）の左半分を取り出したもので，この物体に作用するx，y方向の力のつりあいからσ_n，τ_nが求められる．

傾斜面の角度をφとし，x軸に垂直な面の断面積をAとすると，傾斜面の断面積は$A_n = A/\cos\varphi$，y軸に垂直な面の面積は$A_y = A\tan\varphi$である．よってx軸方向の"力のつりあい"より（応力のつりあいではない）

$$\sum \vec{H} = \sigma_n A_n \cos\varphi - \tau_n A_n \sin\varphi - \sigma_x A - \tau_{yx} A_y = \sigma_n A - \tau_n A \tan\varphi - \sigma_x A - \tau_{yx} A \tan\varphi = 0$$

$$\therefore \quad \sigma_n - \tau_n \tan\varphi = \sigma_x + \tau_{yx} \tan\varphi \quad \cdots (\text{a})$$

同様にして，y軸方向の力のつりあいにより

$$\sigma_n \tan\varphi + \tau_n = \sigma_y \tan\varphi + \tau_{xy} \quad \cdots (\text{b})$$

上式（a），（b）を解いて（$\tau_{xy} = \tau_{yx}$）

$$\left.\begin{array}{l} \sigma_n = \dfrac{1}{2}(\sigma_x + \sigma_y) + \dfrac{1}{2}(\sigma_x - \sigma_y)\cos 2\varphi + \tau_{xy}\sin 2\varphi \\[2mm] \tau_n = -\dfrac{1}{2}(\sigma_x - \sigma_y)\sin 2\varphi + \tau_{xy}\cos 2\varphi \end{array}\right\} \quad (2.36\,\text{a})$$

式（2.36 a）を式（2.34）と同じ形式にするために，図2.47を参照し，式（2.36 a）の$(\sigma_x - \sigma_y)/2$を$r\cos 2\varphi_p$，およびτ_{xy}を$r\sin 2\varphi_p$とおいて整理すると

$$\left.\begin{array}{l} \sigma_n = \dfrac{1}{2}(\sigma_x + \sigma_y) + r\cos(2\varphi - 2\varphi_p) = \dfrac{1}{2}(\sigma_x + \sigma_y) + r\cos(2\varphi_P - 2\varphi) \\[2mm] \tau_n = r\sin(2\varphi - 2\varphi_P) = -r\sin(2\varphi_P - 2\varphi) \end{array}\right\} \quad (2.36\,\text{b})$$

上式から図2.43と同様，中心座標$[(\sigma_x+\sigma_y)/2, 0]$，半径$r=\sqrt{[(\sigma_x-\sigma_y)/2]^2 + \tau_{xy}^2}$のモール円を描くことができ，**図2.45**のようになる．このモール円では初めに点A $(\sigma_x, -\tau_{xy}$，中心角$2\varphi_p)$を図のように定める．

つぎに，傾斜した断面の角度φの2倍を点Aから左回りに取りA′とする．すなわち水平軸から角度$(2\varphi_p - 2\varphi)$の円周上に点A′を取るとその座標が$(\sigma_n, -\tau_n)$として得られる[1]．ただし，図2.43のx，y軸方向応力のみに対するモール円では，考えている傾斜面φの2倍の傾き2φをもつ直線を，水平軸から右回りに中心Cから引き，円周との交点Aの座標を求めれば，σ_n，τ_nが得られたのに対して，図2.45では半径CA′の傾きは

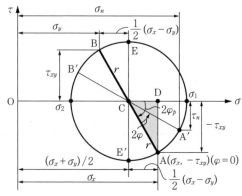

図2.45 平面応力状態のモール円

$(2\varphi_p - 2\varphi)$であることに注意が必要である．ここでφ_pはσ_x，σ_y，τ_{xy}が与えられれば，図2.47の関係から求められ，次項〔2〕で述べる主応力の作用する面の角度を表す．

1） 図2.45で，円の中心点Cから点Aとは逆方向に円周上に点Bをとると，その座標値は(σ_y, τ_{xy})となる．また$\sin(2\varphi_p + \pi) = -\sin 2\varphi_p$，$\cos(2\varphi_p + \pi) = -\cos 2\varphi_p$と負符号となる．

このようにモール円を利用すれば，複雑な式(2.36 a, b)の計算をしないで傾斜面上の応力 σ_n, τ_n が図解法によりただちに得られるという利点がある。また図2.45では，次節で述べる二つの主応力 σ_1, σ_2 の値も円周の横軸上の値としてすでに求められている。

問 2.14 p.40の式(a)，(b)より式(2.36 a, b)の関係を導け。

問 2.15 式(2.36 a)または(2.36 b)の第1式の右辺第1項を左辺へ移項して両辺を二乗し，第2式の二乗した結果と加え合わせると $\sin 2\varphi$, $\cos 2\varphi$ が消去できる。図2.45のモール円の方程式を次の形で表せ。

$$\left(\Box - \frac{\sigma_x + \sigma_y}{2}\right)^2 + (\Box)^2 = r^2 \quad \cdots (c)$$

ここに，$r^2 = \frac{1}{4}(\sigma_x - \sigma_y)^2 + \tau_{xy}^2 =$ 一定

研究 2.1 式(2.36 a)や図2.45のモール円はかなり複雑で，$\sigma_x, \sigma_y, \tau_{xy}$ と σ_n, τ_n の関係を直観的に理解するのは難しい。そこで，構造材料はどのような値の静水圧が作用しても降伏は生じないという実験的事実に基づき，上述の内容を整理しよう。静水圧状態，すなわち，あらゆる方向で一様な応力を $\sigma_m = (\sigma_x + \sigma_y + \sigma_z)/3$（平均応力という）と表すと，さまざまな応力から σ_m を差し引いて降伏条件を考えるのが自然である[1]。平面応力問題では $\sigma_m = (\sigma_x + \sigma_y)/2$ となるからここでは直応力 σ からこれを差し引いた応力（偏差応力という）で考えよう。式(2.36 a)の $\sigma_n, \sigma_x, \sigma_y$ から平均応力 σ_m を引き，偏差応力を σ' で表し，$\sigma_n' = \sigma_n - (\sigma_x + \sigma_y)/2$, $\sigma_x' = \sigma_x - (\sigma_x + \sigma_y)/2 = (\sigma_x - \sigma_y)/2$, $\sigma_y' = \sigma_y - (\sigma_x + \sigma_y)/2 = -(\sigma_x - \sigma_y)/2$ とおくと，式(2.36 a)は

$$\sigma_n' = \sigma_x' \cos 2\varphi + \tau_{xy} \sin 2\varphi, \quad \tau_n = -\sigma_x' \sin 2\varphi + \tau_{xy} \cos 2\varphi \quad \cdots (a)$$

となる。上式で $X = \sigma_n'$, $Y = \tau_n$, $x = \sigma_x'$, $y = \tau_{xy}$, $\theta = 2\varphi$ とおきマトリックス表示すれば

$$\begin{Bmatrix} X \\ Y \end{Bmatrix} = \begin{bmatrix} \cos\theta & \sin\theta \\ -\sin\theta & \cos\theta \end{bmatrix} \begin{Bmatrix} x \\ y \end{Bmatrix}$$

この式は，直交 x-y 座標を角度 θ だけ回転した X-Y 座標に変換する座標変換公式に他ならない。よってこれを図示すれば，**図2.46**のように，点Aの x-y 座標 (σ_x', τ_{xy}) が X-Y 座標上で，(σ_n', τ_n) に変換されていることがただちに理解できる。また同図より $X^2 + Y^2 = x^2 + y^2 = r^2$（一定）であることが確かめられる。この場合，座標の回転角 2φ が傾斜断面の物理的な角度 φ の2倍となって表わされているのは前と同様である。

式(a)をさらに簡単化してみよう。σ_x', τ_{xy} の値を**図2.47**の関係を用いて，$\sigma_x' = r\cos 2\varphi_p$, $\tau_{xy} = r\sin 2\varphi_p$ とおくと，同式は

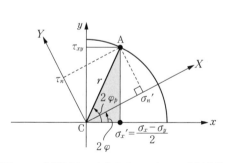

図2.46 傾斜面上の応力を求めるための座標変換

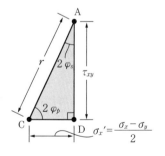

図2.47 主方向 φ_p と応力成分 $\sigma_x, \sigma_y, \tau_{xy}$ との関係

---

1) このように，通常の応力から平均応力 σ_m を引いた応力を偏差応力（deviatoric stress, stress deviator）といい，弾性限度を超えた塑性理論解析では基本的量となる。

$$\sigma_n' = r\cos 2\varphi_p \cos 2\varphi + r\sin 2\varphi_p \sin 2\varphi = r\cos(2\varphi_p - 2\varphi)$$
$$\tau_n = -r\cos 2\varphi_p \sin 2\varphi + r\sin 2\varphi_p \cos 2\varphi = r\sin(2\varphi_p - 2\varphi) \quad \cdots(\text{c})$$

この式は，図 2.45 のモール円で，円の中心を原点に移動した場合に相当し（OC が平均応力 σ_m），$2\varphi_p - 2\varphi$ は同図では A'C と水平の σ 軸のなす角を示したが，図 2.46 では AC と X 軸とのなす角となる。

〔2〕**主応力** 図 2.44（a）および式（2.36 a, b）で，傾斜面に作用する垂直応力 σ_n は傾き φ によって変化するが，ある傾きの面で σ_n が最大となるか，あるいは最小となるとき，その応力を**主応力**（**principal stress**）といい，これを生ずる方向を**応力の主軸**（**principal axes of stress**），主応力の作用する面を**主応力面**（**principal plane of stress**）という。主応力は式（2.36 a, b）を φ で微分し，0 とおいて次のように求められる。

$$\frac{d\sigma_n}{d\varphi} = -(\sigma_x - \sigma_y)\sin 2\varphi_p + 2\tau_{xy}\cos 2\varphi_p = 0 \quad \therefore \quad \tan 2\varphi_p = \frac{\tau_{xy}}{(\sigma_x - \sigma_y)/2} \tag{2.37}$$

ここに，φ_p は**主応力面の角度**（**主応力方向**）で，図 2.47 に示す関係がある（これは図 2.46 の △ACD を取り出したものと同じ。〔研究 2.1〕参照）。同図より

$$\sin 2\varphi_p = \pm\frac{\tau_{xy}}{r}, \quad \cos 2\varphi_p = \pm\frac{(\sigma_x - \sigma_y)/2}{r}, \quad r = \sqrt{\left(\frac{\sigma_x - \sigma_y}{2}\right)^2 + \tau_{xy}^2}$$

となるから，これらを式（2.36 a）に代入して，σ_n を改めて σ_1, σ_2 とおくと

$$\left.\begin{array}{l} \sigma_1 = \dfrac{\sigma_x + \sigma_y}{2} + \sqrt{\left(\dfrac{\sigma_x - \sigma_y}{2}\right)^2 + \tau_{xy}^2} \\[6pt] \sigma_2 = \dfrac{\sigma_x + \sigma_y}{2} - \sqrt{\left(\dfrac{\sigma_x - \sigma_y}{2}\right)^2 + \tau_{xy}^2} \\[6pt] \tau_n = 0 \end{array}\right\} \tag{2.38}$$

ここで，σ_1, σ_2 は垂直応力 σ_n の最大，最小値で，主応力を表す。またこのとき"**主応力面ではせん断応力 $\tau_n = 0$**"であるから（$\varphi = \varphi_p$），図 2.45 の，モール円では径 AB が水平軸（σ 軸）に一致し σ 軸との二つの交点が主応力の値 σ_1, σ_2 を示している。これらを偏差応力（〔研究 2.1〕参照）で表せば，式（2.38）の右辺第 1 項を左に移項し，$\sigma_1', \sigma_2' = \pm r\left(=\sqrt{\sigma_x'^2 + \tau_{xy}^2}\right)$ と簡単になる（図 2.47）。図 2.46 では X 軸が $2\varphi_p$ だけ回転して CA に一致するときである。

また式（2.38）より次の関係があることがわかる。

$$\sigma_1 + \sigma_2 = \sigma_x + \sigma_y \tag{2.39}$$

上式は，ある断面およびそれに直交する断面上の垂直応力の和はその点において断面の傾き φ に無関係に一定で，**不変量**（**invariant**）であることを表しており，図 2.45 では中心点の座標，すなわち $\overline{\text{OC}}$ の長さが φ にかかわらず一定であることに対応する。

〔3〕**最大せん断応力** せん断応力の最大値を求めるために，式（2.36 a）の τ_n を φ で微分し，0 とおき φ を φ_s とおくと

$$\frac{d\tau_n}{d\varphi} = (\sigma_x - \sigma_y)\cos 2\varphi_s + 2\tau_{xy}\sin 2\varphi_s = 0 \quad \therefore \quad \cot 2\varphi_s = -\frac{\tau_{xy}}{(\sigma_x - \sigma_y)/2} \tag{2.40}$$

ここに，φ_s は最大せん断応力を与える面の傾きであり，上式と式 (2.37) との比較より $\tan 2\varphi_s \cdot \tan 2\varphi_p = -1$ となるから $2\varphi_p$ の面と $2\varphi_s$ の面とは直交する。あるいは図 2.47 の φ_p と φ_s は，たがいに補角をなす。すなわち $\varphi_s = \varphi_p \pm 45°$ であり，最大せん断応力 τ_{max} の生じる面は，主応力面 φ_p から $\pm 45°$ の位置に生じる。また式 (2.40) および図 2.47 より

$$\sin 2\varphi_s = \pm \frac{(\sigma_x - \sigma_y)/2}{r}, \quad \cos 2\varphi_s = \mp \frac{\tau_{xy}}{r}, \quad r = \sqrt{\left(\frac{\sigma_x - \sigma_y}{2}\right)^2 + \tau_{xy}^2}$$

式 (2.36 a) に，これらを代入して τ を求めると

$$\tau_{max} = \pm r = \pm \sqrt{\left(\frac{\sigma_x - \sigma_y}{2}\right)^2 + \tau_{xy}^2} \tag{2.41}$$

よって，τ_{max} は図 2.45 のモール円上では最上点 E または最下点 E' の τ 座標値で半径の大きさを表す。式 (2.38) の 2 式の差を求めると

$$\sigma_1 - \sigma_2 = 2\sqrt{\left(\frac{\sigma_x - \sigma_y}{2}\right)^2 + \tau_{xy}^2} \tag{2.42}$$

であるから，これと式 (2.41) の比較より，τ_{max} は次のように主応力差で表される。

$$\tau_{max} = \pm \frac{\sigma_1 - \sigma_2}{2} \tag{2.43}$$

上式より"主応力差"がすべり破壊に関係していることがわかる。トレスカの降伏条件（最大せん断応力説）では $\tau_{max} = \pm(\sigma_1 - \sigma_2)/2 = \sigma_Y/2$ のとき降伏が生じる（図 2.42 参照）。上式の $\sigma_1 - \sigma_2$ には式 (2.38) の 2 式の差からわかるように，平均応力 $\sigma_m = (\sigma_x + \sigma_y)/2$ が含まれていない。すなわち，破壊を支配するせん断応力には平均応力（静水圧応力）が関係していないことがわかる。

〔4〕**主応力，主応力方向，モール円は何に使うか**　ここまで，二軸方向の応力 $\sigma_x, \sigma_y, \tau_{xy}$ から主応力 σ_1, σ_2 主応力方向 φ_p の誘導，モールの応力円について学んできたが，これらを実際的な問題にどのように利用するのかを，簡単な代表例でみてみよう。

ほとんどの構造部材では一軸方向の応力が主体になるが，部材形状や板厚の急変部，ケーブルの定着部，穴あき鋼板等の応力や断面が急変する箇所では，局所的ではあるが，複雑な二軸応力状態となり破壊が生じやすい。最近ではこれらの箇所の応力状態は，構造部材を細かいメッシュに分割する有限要素法等のコンピュータ数値解析によって求められ，各要素の代表点で，二軸方向の応力 $\sigma_x, \sigma_y, \tau_{xy}$ や主応力 σ_1, σ_2, 主応力方向 φ_p の値が解析結果として得られる。しかし，これらの計算結果の数値だけを見ても技術的な判断は難しい。そこで**図 2.48 (a)** に示すように部材の各点の主応力の大きさ σ_1, σ_2 を線の長さで，また圧縮か引張りかを矢印の向きで，主応力方向 φ_p を線の方向で描き，これらをすべての要素上で描くと，力の流れ，大きさが可視化できる。これにより破壊箇所や応力の程度がわかり，構造ディテールの安全性の判断や設計変更が容易になる。このような図化は現在では，鋼材料，コンクリート材料，土材料を問わず行われており，主応力の意味をよく理解しておく必要があるため，以下に材料ごとの特徴をまとめる。

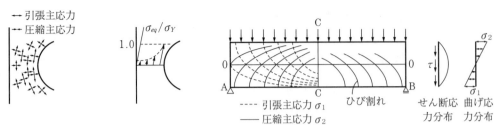

（a）主応力分布　　（b）相当応力分布　　（c）コンクリートはりの主応力分布とひび割れ

図 2.48　主応力の図化

（1）鋼構造　鋼構造では使用鋼材の一軸引張試験で得られた降伏応力 σ_Y が破壊の基準となるが，二軸方向応力があると思われる部材箇所で，有限要素法などにより二軸方向の応力 $\sigma_x, \sigma_y, \tau_{xy}$ や主応力 σ_1, σ_2 が得られた場合，一般には次式に示すミーゼスの降伏条件式（図 2.42 参照）による σ_{eq}（相当応力という）が降伏応力 σ_Y に達したときにその点が降伏すると考える．

$$\sigma_{eq} = \sqrt{(\sigma_1-\sigma_2)^2 + \sigma_1^2 + \sigma_2^2} = \sqrt{\sigma_x^2 - \sigma_x\sigma_y + \sigma_y^2 + 3\tau_{xy}^2} \tag{2.44}$$

したがって，例えば，メッシュ分割された各要素の σ_{eq} を求め，σ_Y で割って，その値を高さ方向にとり，図 2.48（b）のように各要素の代表点で無次元化した相当応力 σ_{eq}/σ_Y を棒グラフで描けば，それが1を超えたところでは，降伏が起こっており，危険度の分布が可視化できる．または，このような要素全体を色づけ（カラースケール）して区別することも行なわれている．

（2）コンクリート構造　例として等分布荷重を受ける長方形断面コンクリートばりの主応力分布を図 2.48（c）の中央線から左側に描く．コンクリート材料では，引張りに対する抵抗力はほとんどないから，引張主応力線（図中破線）に直交する方向の圧縮主応力線（図中実線）に沿ってひび割れが入る（図（c）のはりの中央線から右側）．したがって，複雑な構造物ではあらかじめ主応力線の分布を知ることは重要で，ひび割れとは直交する引張主応力線方向か，これに近い方向に鉄筋を配置すると効果的である．

（3）地盤　構造物を支える基礎地盤の応力状態は一般に3次元的である．トンネルや堤防，ダムなどで，2次元的取扱いができるものも多い．土質力学では2次元的応力分布状態を理解する上で，モールの円が重要な役割を果たしており，土木，建設分野では最もよく利用されている（土質力学の教科書を見よ）．

イタリア・ベニスの歩道橋

第3章 静定トラス

3.1 トラス構造の特性と形式

3.1.1 トラス構造の特性

トラス（truss）とは，三角形を基本にした構造である。原理的には，まっすぐな棒を両端回転自由な**ヒンジ**（hinge）で順次連結してつくられるため，力学的に単純で合理的な構造形式である。ヒンジ結合されたトラス部材には引張りまたは圧縮力のみ作用するので，部材内には**図 3.1**（a）に示すような全断面に一様な応力が生じ，それはまた長さ方向にも一定であるため，図（b）の等断面曲げ部材に比べて材料が有効に利用できる。このようにトラスは構造物全体を軽量化でき経済的であるので橋や鉄塔，クレーンのほか，航空機や建築構造の一部などに広く用いられている[1]（**図 3.2**）。

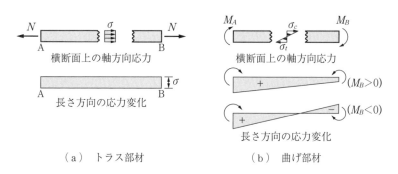

(a) トラス部材　　　(b) 曲げ部材

図 3.1　トラス部材と曲げ部材の内部応力の比較

図 3.2　連続トラス橋

---

1) トラス構造には斜め部材があり，それが空間をさえぎるので，屋根などを除いて一般の建築用構造に用いられることはほとんどない。また，部材数が多く斜材が複雑な空間をつくるため桁橋やアーチ，斜張橋に比べると美観上は有利とはいえないが 70～150 m の径間を渡る橋には軽くて経済的である。

トラス部材のヒンジ結合を滑節結合ともいい，結合点を**格点**（**panel point**）または**節点**（**node**）と呼ぶ。トラスの荷重は支点反力を含めてすべてこの格点に作用する。実際のトラスの格点構造は**図3.3**に示すようにガセットプレートを通して部材が剛に結合されている。よって，これを剛結トラスということがある。ピン結合にすると構造がかえって複雑になり，製作上の手間が増えるほか，ヒンジ点の腐食や応力集中，疲労破壊などを生じやすくなるので現在では用いられない[1]。

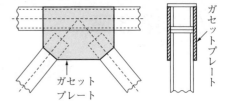

図3.3 トラスの格点構造

剛結トラスの部材には軸方向応力のほかに，2次的な曲げ応力が生じる。これを**2次応力**（**secondary stress**）という。2次応力は軸方向応力（これを1次応力という）に比べ，普通は十分小さな値で，ヒンジ結合と仮定したトラスの解でも通常は工学上十分な精度を有しているため，一般にトラス構造の計算にはヒンジ結合の仮定が用いられる。しかし，大規模で重要なトラス構造では，剛結トラスとしての計算を行うことがある。その場合，部材力は力のつりあいだけでは求められず，高次の不静定構造解析を行わなければならない。そのような計算は今日では第10章♦"ラーメン構造"で学ぶ剛結構造として方程式を立て，コンピュータを用いて解かれるのが普通である。

3.1.2 トラス部材の名称

トラスの外側を連ねる部材を**弦材**（**chord member**），その内側に配置された部材を**腹材**（**web member**）という。弦材のうち上部にある部材を**上弦材**（**upper chord member**），下部のものを**下弦材**（**lower chord member**），また，腹材のうち斜めの部材を**斜材**（**diagonal member**），垂直におかれた部材を**垂直材**（**vertical member**）と呼ぶ。これらを**図3.4**に示す。図中（ ）内は本書で用いる略号を示している。

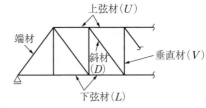

図3.4 トラス部材の名称

一般的な荷重状態では上弦材が圧縮部材，下弦材が引張部材となる。また斜材や垂直材は荷重や部材配置によって応力状態が異なるほか，移動荷重がある場合には荷重の位置によって引張りから圧縮へ，またはその逆へ変化することがある。これらの詳細は5.5節"単純トラス部材力の影響線"で学ぶ。

横に長く置かれたトラスは，構造全体で1本のはりと同じような曲げ部材を形成していると考えることができる。**図3.5**に曲げを受けるトラスとI形断面ばりの比較を示す。トラスの上下弦材はI形断面ばりの上下フランジに，またトラスの腹材は，はりのウェブに相当する働きをする。すなわち，トラスでは上下弦材が主として曲げ力に，また垂直材，斜材はせん断力に抵抗する役割を果たす。したがって，本章で後述するトラス部材力の計算も，上下弦材はモーメントのつりあい式か

---

[1] ピン結合は，空港施設等の構造物の中では鋼棒を引張材で用いるとき端部に用いられている。

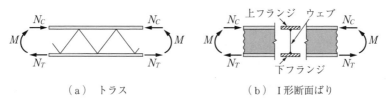

(a) トラス　　　　　　　　　　(b) I形断面ばり

図3.5 曲げを受けるトラスとI形断面ばりの比較

ら，また，斜材はせん断力のつりあい式から部材力を求めるのが合理的である。

トラスの部材力を求めるときに，トラスをはりとみなして，トラス構造断面における曲げモーメント M，せん断力 Q を求めておき，これをもとに部材力を計算することもできる[1]。後の5.6節では，この方法で，すべてのトラス部材力を一括して求める方法を学ぶ。

3.1.3 トラスの形式

トラスには部材の組合せ形状によって，**図3.6**（a）〜（h）に示すような形式がある。それらの名称の多くは考案者の名を冠したものである。図（a）の**ワレントラス**（**Warren truss**）は大河川を渡る鉄道橋や道路橋などに連続的に用いられ，トラスのうちでは最も単純な形状で，軽快な感じを与える。図（b）は山間部の谷間に単体として用いられることが多い。図（a），（b）のトラスとも垂直材がないので，格点構造の単純化と視覚的有利さがあるため，近年多く見られる形式である。図（b），（c）は**曲弦トラス**（**curved chord truss**）である。図（d）の**プラットトラス**（**Pratt truss**）と図（e）の**ハウトラス**（**Howe truss**）は，斜材の向きが違うだけであるが，分布荷重のような一般的荷重に対し，前者の斜材は引張力を，後者の斜材は圧縮力を生じるので，プラットトラスは鉄橋に，ハウトラスは木橋に用いられる（**図3.7**参照）。図（f）は**キングポストトラス**（**king post truss**）ともいう。図（g）は腹材がK字形であるのでこの名があり，図（h）のように塔状構造物で用いたとき視覚的安定感があり，宇宙ロケットの発射台などにも用いられている。

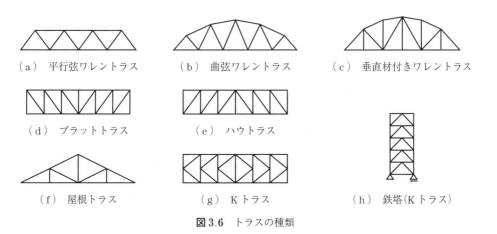

(a) 平行弦ワレントラス　　(b) 曲弦ワレントラス　　(c) 垂直材付きワレントラス

(d) プラットトラス　　(e) ハウトラス

(f) 屋根トラス　　(g) Kトラス　　(h) 鉄塔（Kトラス）

図3.6 トラスの種類

---

[1] 第5章で述べる移動荷重による部材力の変化の様子（影響線）を調べるときなどに，このような考え方を用いる。

48　　3. 静定トラス

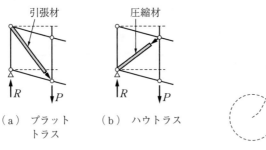

(a) プラットトラス　　(b) ハウトラス

図 3.7 プラットおよびハウトラスの斜材の働き

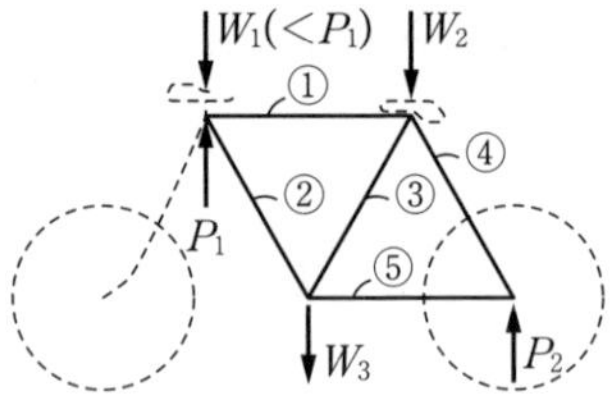

図 3.8 自転車のトラスフレーム

[問] **3.1** われわれの日常使うトラスの代表例として自転車のフレームがある。図 3.8 の各部材は引張材（＋）か，圧縮材（−）か〔ヒント：その部材を取りはずしてみよ，両端の格点は近づくか離れるか〕。

3.2　トラスの解法

ヒンジ結合トラスの部材には，前述のように，断面力として軸方向力だけが作用する。これを**部材力**（member force）という。部材力を求める代表的方法として，節点における力のつりあいを考える**節点法**（nodal point method，**格点法**）と，トラス構造をある部材位置で切断し，そこにできた部分トラス構造に対して作用する外力，支点反力，部材力のすべてについてつりあい式を立てる**断面法**（method of cross section）とがある。図 3.5 のトラスとはりとの比較で述べたように，一般には断面法を用いて，上下弦材は"モーメントのつりあい式"を立て，斜材，垂直材は"せん断力のつりあい式"を立てて解くのが合理的である。支点上の部材などには節点法を用いると簡単になる。いずれの方法によるにしても，未知の部材力には引張力を仮定し，計算結果が負値（−）となれば圧縮力であると判定する。なお斜材の角度は一般に水平線からの傾きをとる。

3.2.1　断　面　法

部材力を求めようとする部材を切断し，切断面に引張力を仮定して力のつりあいを考えると理解しやすい。図 3.9 に示すトラスを例に部材力 U, L, D, V を求めてみよう。

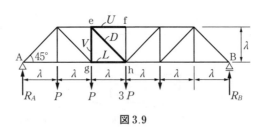

図 3.9

〔1〕**支点反力**　静定トラスの支点反力は，2.3 節で述べたように，他方の支点を回転中心とするモーメントのつりあいよりただちに求められる。図 3.9 の支点反力 R_A は点 B をモーメントの中心にとれば

$$\sum \widehat{M}_{(B)} = R_A \cdot 6\lambda - (P \cdot 5\lambda + P \cdot 4\lambda + 3P \cdot 3\lambda) = 0 \quad \therefore \quad R_A = 3P$$

同様に，R_B は支点 A のまわりのモーメントの和より

$$\sum \widehat{M}_{(A)} = -R_B \cdot 6\lambda + (P\lambda + P \cdot 2\lambda + 3P \cdot 3\lambda) = 0 \quad \therefore \quad R_B = 2P$$

（検算）　$R_A + R_B = 5P,$　荷重 $= P + P + 3P = 5P$

このように支点反力が求められれば，図 3.9 のトラスの二つの支点を取り去り，代わりに反力を作用させ，荷重とともにつりあい状態にあって，空間に浮かんで静止した自由物体を考えればよい。

〔2〕**上弦材の部材力** U　　図 3.10 に示すように考えている上弦材を切断し，引張力 U を仮定する。このとき，トラスは図中のアミ掛けした二つの不安定な部分トラスになる。もし，U の大きさが正しくないと，これらは結合点 h を中心に回転するであろう。しかし，U に正しいつりあい力が与えられたときには部分トラスは静止を続けるはずである。したがって，結合点 h から左側の部分トラスに作用するすべての力[1]を考えて，点 h のまわりのモーメントのつりあい式を立てれば，式 (2.7 a, b) より

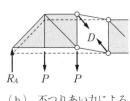

図 3.10　部材力 U

$$\sum \widehat{M}_{(h)} = R_A \cdot 3\lambda - P \cdot 2\lambda - P\lambda + U\lambda = 0 \quad \therefore \quad U = -6P$$

U の符号はマイナスであるので，この部材は圧縮力を受けることがわかる。

部材力 U を求めるのに，結合点 h の右側の部分トラスについてつりあい式を立てて解いてもまったく同じ解が得られるので，計算の簡単なほうを選べばよい。この方法は，部材力を求めるのにモーメントのつりあい式を用いるので**モーメント法**（**moment method**）とも呼ばれる。

〔3〕**下弦材の部材力** L　　上弦材の部材力とまったく同じように考えればよい。

問 3.2　図 3.11 に示す下弦材の部材力 L を求めよ。

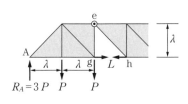

図 3.11　部材力 L

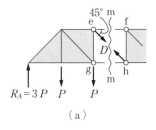

（a）　　　　　　　　　（b）　不つりあい力による
　　　　　　　　　　　　　　　　せん断変形

図 3.12　部材力 D

〔4〕**斜材の部材力** D　　図 3.12 (a) のように斜材 D を m-m 線で切断し，引張力 D を与える。もし，D がつりあい力ではないときには，図 (b) のように，切断面 m-m の左右の部分トラスは上下方向に移動し，斜材のある区間はせん断変形に似た変形を生じる。よって，この場合は，切断

---

[1] 図 3.10 で，結合点 h には右のトラス部分から水平および鉛直方向の力が作用しているが，これらは点 h のまわりにモーメントを生じさせない。

面 m-m の左側（または右側）の部分トラスに作用するすべての力の鉛直方向の成分のつりあいを考える。

引張力 D の鉛直方向の成分は，下向きに $D\sin 45° = D/\sqrt{2}$ であるから次式となる。

$$\sum V\uparrow = R_A - 2P - \frac{D}{\sqrt{2}} = 0 \quad \therefore \quad D = \sqrt{2}\,P$$

下向きを正に符号を統一してもよい。

〔5〕**垂直材の部材力 V**　図 3.13 のように，垂直材を切断するような切断面 m-m でトラスを切断する。

問 3.3　図 3.13 の切断面 m-m の左側の部分トラスに対して全作用力の鉛直方向の力のつりあいより，部材力 V を求めよ。

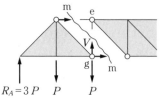

図 3.13　部材力 V

例題 3.1　図 3.14 に示す曲弦トラスの部材力 U, D を求める（$\overline{ac} = h$）。

〔解〕（a）支点反力：$\sum \widehat{M}_{(B)} = R_A \cdot 4l - 4P \cdot 3l = 0$

$$\therefore R_A = 3P$$

$$\sum \widehat{M}_{(A)} = -R_B \cdot 4l + 4P \cdot l = 0$$

$$\therefore R_B = P \quad (R_A + R_B = 4P)$$

（b）部材力 U：上弦材 U を切断し，部材力 U を与えると図 3.15
（a）の部分トラスができるので，節点 d のまわりのモーメントのつりあいを考える。部材力 U の点 d のまわりのモーメントを計算

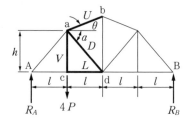

図 3.14　曲弦トラスの部材力

するには，点 d から力 U までの垂直距離を求める必要があり，これは幾何学的関係から求めることができるが，めんどうな場合が多い。斜めの力 U を水平および鉛直両方向の成分に分解すれば，より簡単になる（〔例題 2.1〕参照）。すなわち部材力 U の水平方向の成分は $U\cos\theta$，鉛直方向の成分は $U\sin\theta$ であるので図 3.15（a）を参照し

$$\sum \widehat{M}_{(d)} = R_A \cdot 2l - 4Pl + Uh\cos\theta + Ul\sin\theta = 0 \quad \therefore \quad U = -2Pl/(h\cos\theta + l\sin\theta)$$

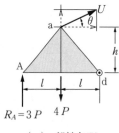 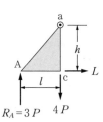 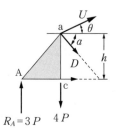

　　（a）部材力 U　　　　　　（b）部材力 L　　　　　　（c）部材力 D

図 3.15　曲弦トラスの部材力

(c) 斜材の部材力 D：斜材であるから，せん断力のつりあい式より部材力が求められる。図 3.15 (c) の部分トラスに作用するすべての力の鉛直方向の成分のつりあい式には，図 3.12 (a) の場合とは異なり，上弦材の部材力の成分 $U\sin\theta$ を加えなければならない。すなわち

$$\sum V\uparrow = R_A - 4P + U\sin\theta - D\sin\alpha = 0 \qquad \therefore\ D = (U\sin\theta - P)/\sin\alpha$$

(d) 部材力 V：図 3.14 の部材 V を切断するような切断線をトラスに入れて，鉛直方向の力のつりあい式より部材力 V を求めることができるが，この場合は次節に述べる節点法によると便利である。

[問] 3.4 図 3.14 の部材力 L を求めよ（図 3.15 (b) 参照）。

3.2.2 節点法（格点法）

トラスの各節点（格点）には部材力と，場合によっては作用外力，支点反力が作用し，つりあいを保っている。前節の断面法が部分構造についての力のつりあいを考えたのに対し，節点法は節点での力のつりあいを考える。初めに，**図 3.16** のように，ある節点に結合するすべての部材の部材力を引張力と仮定する。この節点に作用する荷重や支点反力があれば，それらも加えたすべての力について水平方向あるいは鉛直方向の力の和を考える。すなわち式 (2.7 a, b) より，各節点で次の 2 式が成り立つ。

$$\sum H = 0,\quad \sum V = 0 \qquad\qquad (3.1)$$

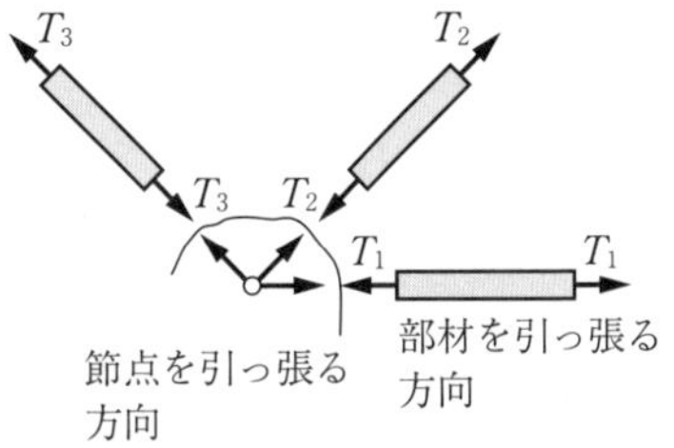

図 3.16 トラス部材と節点における正の力

このように，1 節点で二つの式が成り立つので，二つの未知部材力を求めることができる。トラスの支点上では一般に，2 部材のみが結合しているので，支点上の節点から計算を始め，順次他の節点に計算を進めることができる。しかし，もし途中の節点で計算ミスを行うと以後の計算結果はすべて間違いとなる。一方，断面法ではトラスの途中の部材の部材力を独立に求めることができ，また移動荷重によるある特定の部材の部材力の変化（影響線）を調べることができるので，断面法のほうが一般的に有利である。節点法は，支点などその節点に集まる部材数が少ない場合などに限って用いれば，計算の簡単化が図れる。

[例題] 3.2 図 3.17 に示すトラスの部材力 $T_1 \sim T_6$ を求める。なお，$\angle\mathrm{CAD} = 30°$ とする。

〔解〕（a）支点反力：〔例題 2.6〕より $R_A = 3.5P,\ R_B = 2.5P$

（b）節点 A でのつりあい式：**図 3.18** (a) のように部材力 $T_1,\ T_2$ を引張力であると仮定し，節点を引っ張る方向に矢印を描く。節点 A に作用するすべての力の水平方向の成分の和を考えると

$$\sum \vec{H} = T_1 \cos 30° + T_2 = 0 \qquad \cdots (\mathrm{a})$$

$$\therefore\ T_2 = -(\sqrt{3}/2)T_1$$

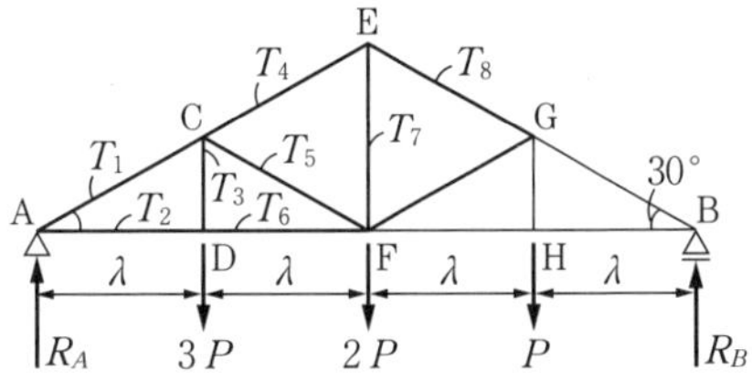

鉛直方向の成分のつりあい式は

$$\sum V\uparrow = R_A + T_1 \sin 30° = 3.5P + T_1(1/2) = 0 \qquad \therefore\ T_1 = -7P \qquad \cdots (\mathrm{b})$$

これを式 (a) に代入して $T_2 = 3.5\sqrt{3}\,P$

図 3.17 屋根トラス

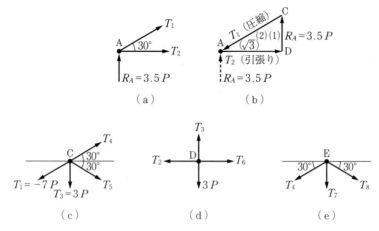

図3.18 節点での力のつりあい

（c）節点Dでのつりあい式（図3.18（d））：部材力 T_2, T_3, T_6 を図のようにすべて引張力と仮定すると，水平および鉛直方向の力のつりあい式より

$$\sum \vec{H} = -T_2 + T_6 = 0 \quad \therefore \quad T_6 = T_2 = 3.5\sqrt{3}\,P$$
$$\sum V\uparrow = T_3 - 3P = 0 \quad \therefore \quad T_3 = 3P$$

図3.14の曲弦トラスの部材力 V も，点Cにおける鉛直方向の力のつりあいからただちに $V=4P$ が得られる。

〔**別解**〕**力の三角形による比例分配法**：部材力 T_1, T_2 について数式によらない別解を示す。図3.18（a）の力 R_A を平行移動し，図（b）のように T_1, T_2, R_A で力の三角形をつくる。2.2節より，つりあい状態にある力の三角形は閉じるから，辺長の比がただちに求められる（図の三角形の内側の（ ）内に辺長の比を表す）。$R_A = 3.5P$ であるから，比例より $\overline{AC} = 7P$, $\overline{AD} = 3.5\sqrt{3}\,P$ が求められる。力の方向は R_A の方向がわかっており，三角形の辺上を同じ向きに1回転するように T_1, T_2 に矢印をつければ，図（b）の T_1 は図（a）とは逆に節点Aを押しているので圧縮力，T_2 は節点Aを引っ張っているので引張力であることがわかる。よって $T_1 = -7P, T_2 = 3.5\sqrt{3}\,P$ となる。

問 3.5 図3.18（c）に示す節点Cでつりあい式を立て T_4, T_5 を求めよ。

問 3.6 図3.18（e）の節点Eでのつりあい式より T_7, T_8 を求めよ。T_4 の部材力は前問の結果を利用せよ。

3.2.3 Kトラスの部材力

Kトラスは断面および節点における部材が多く，断面法か節点法か一方を選ぶより，求める部材力に応じて両者を適宜使うほうがよい。

例題 3.3 図3.19に示すKトラスの部材力 U, D_1, D_2, V_3, V_4 を求める。支点反力は $R_A = 5P$ とする。

〔解〕（a）上弦材の部材力 U（モーメント法）：図3.20（a）のように切断線 t-t により部分トラスをつくる。こうすると節点 m' のまわりのモーメントのつりあい式には V_1, V_2, L は関係しないので，つりあい式は

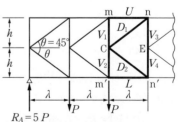

図3.19 Kトラス

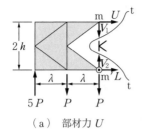
(a) 部材力 U

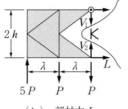
(b) 部材力 L

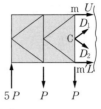
(c) 部材力 D_1, D_2

図3.20 Kトラスの部材力（断面法）

$$\sum \widehat{M}_{(m')} = 5P \cdot 2\lambda - P\lambda + U \cdot 2h = 0 \quad \therefore \quad U = -(9\lambda/2h)P$$

(b) 斜材 D_1, D_2（断面法）：図3.20（c）の部分トラスの全作用力について水平方向の成分のつりあいを考えると

$$\sum \vec{H} = U + L + D_1 \cos\theta + D_2 \cos\theta = 0$$

$$\therefore \quad D_1 + D_2 = -(U+L)/\cos\theta = 0$$

$$[\because \text{図(a)で} \sum \vec{H} = U + L = 0]$$

よって

$$D_2 = -D_1 \quad \cdots (\text{a})$$

鉛直方向の成分のつりあいより

$$\sum V \uparrow = 5P - P - P + D_1 \sin\theta - D_2 \sin\theta = 0 \quad \cdots (\text{b})$$

$$\therefore \quad D_1 - D_2 = -3P/\sin\theta = -3\sqrt{2}\,P$$

式（a），（b）より

$$D_1 = -(3\sqrt{2}/2)P, \quad D_2 = (3\sqrt{2}/2)P$$

(c) 節点 n でのつりあい式（節点法）（**図3.21（a）**）：節点 n への作用力のうち鉛直成分を有するのは D_1 と V_3 だけであるから

$$\sum V \downarrow = D_1 \sin\theta + V_3 = 0 \quad \therefore \quad V_3 = -D_1 \sin\theta = 1.5P$$

(d) 節点 n' でのつりあい式（節点法）（図3.21（b））：

$$\sum V \uparrow = D_2 \sin\theta + V_4 = 0 \quad \therefore \quad V_4 = -D_2 \sin\theta = -1.5P$$

(e) 節点 C でのつりあい式（図3.21（c））：部材力を求めることには直接関係しないが部材力間の関係を調べてみよう．

水平方向の力のつりあい： $\sum \vec{H} = D_1 \cos\theta + D_2 \cos\theta = 0 \quad \therefore \quad D_2 = -D_1$

これは式（a）の結果と同じである

鉛直方向の力のつりあい： $\sum V \uparrow = V_1 - V_2 + D_1 \sin\theta - D_2 \sin\theta = 0 \quad \therefore \quad V_1 - V_2 = 3P$

以上のように，この場合は節点 C のつりあい式だけからは部材力は決定できない．

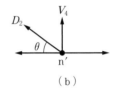
(a)

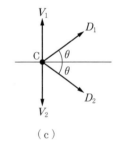
(b)

(c)

図3.21 Kトラスの部材力（節点法）

問 3.7 図3.20（b）について下弦材の部材力 L を求めよ．

第4章 静定ばり

　はりは，横荷重を支える部材で，主として曲げ力に抵抗し，実際の構造物に最も多く用いられている。また，構造部材として基本的な要素であるから，その力学的性質を知ることはアーチやラーメン，曲げを伴う柱部材，板など，構造力学に現れるほかの構造，または構造要素の力学的基礎を学ぶことになる。本章では種々の荷重によってはり断面上に生じる曲げモーメントとせん断力を求め，内部応力状態を調べる。また微分方程式やそれを応用した定理によって，はりの変形量について学ぶ。

4.1 静定ばりの形式

　静定ばりは拘束度3の構造で，**図4.1**（a）～（d）に示す形式がある。図（a）は，はりの両端を回転自由のヒンジで支持しただけの構造で，一端Aは水平方向に移動できないが，他端Bは水平移動ができるようヒンジの下にローラーまたは多層ゴム板などが設けられている。このような支持方法を**単純支持**（**simple support**）といい，はりを**単純ばり**（**simple beam**）と呼ぶ。橋桁などに最も一般的に用いられる形式である。図（b）は**片持ばり**（**cantilever beam**）と呼ばれ，一端固定，他端自由である。固定端には図のように三つの反力がある。変形条件は固定端でたわみ v =0，たわみ角 θ =0 で，これは後で述べる微分方程式の境界条件でもある。

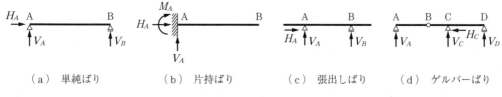

（a）単純ばり　　（b）片持ばり　　（c）張出しばり　　（d）ゲルバーばり

図4.1　静定ばり

　図（c）の**張出しばり**（**overhanging beam**）は単純ばりの支点上をはりがさらに伸びて，自由端を有する張出し部のついたはりである。

　図（d）の形式は複数（2～4）の静定ばりを組み合わせた構造で，**ゲルバーばり**（**Gerver beam**）と呼ばれ，その特徴は後の節で詳述する。図（a），（c）のはりでは，支点A，B間を**支間**（**span**），その長さを**支間長**（**span length**）という。

　はりに作用する荷重は1.4節で述べたように，設計上の取扱いやすさのために単純化が図られ（図1.7参照），一般には，集中荷重〔kN〕，分布荷重〔kN/m〕，モーメント荷重〔kN·m〕の三種

4.2 支 点 反 力

静定ばりには，図4.1に記号 H，V または M で示した三つの支点反力があり，これらは式(2.7 a, b)の三つのつりあい条件式から求めることができる。多くの場合，荷重は鉛直方向の力のみであるので水平反力は0であるから，これを改めて求めることはしない。荷重に水平成分を含む場合でも，水平反力は通常一つであるから，水平方向の力のつりあい式からただちに求められる。本書では以下，支点A，Bの鉛直反力を R_A，R_B のように表し[1]，荷重を含めたすべての鉛直力を V で代表させる。はりの反力を求める例は，すでに〔例題2.5，2.6〕で学んだ。ここでは片持ばりと張出しばりの例を示そう。

例題 4.1 図4.2（a）の片持ばりの反力 M_A，R_A を求める。

〔解〕点Aのはりの固定を解除して図（b）の自由物体とし，反力 M_A，R_A を仮定する。モーメントのつりあい式に R_A を含ませないために，点Aを中心とするモーメントのつりあい式を立てる[2]。

$$\sum \widehat{M}_{(A)} = M_A + Pl + 2P(l/2) = 0 \quad \therefore \quad M_A = -2Pl$$

鉛直方向の力のつりあいより

$$\sum V\uparrow = R_A - 2P - P = 0 \quad \therefore \quad R_A = 3P$$

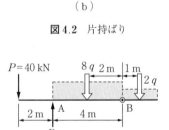

図4.2 片持ばり

例題 4.2 図4.16（a）（p.64参照）に示す張出しばりの反力 R_A，R_B を求める。$q = 20$ kN/m とする。

〔解〕分布荷重は等価な集中荷重 $p_1 = 2q \times 4$，$p_2 = q \times 2$ におきかえ，これをそれぞれ分布の重心位置に作用させる（2.1.2項の〔3〕参照）。反力 R_A を求めるために，点Bのまわりのモーメントを考える（図4.3（a））。

$$\sum \widehat{M}_{(B)} = -P \cdot 6 + R_A \cdot 4 - 8q \cdot 2 + 2q \cdot 1 = 0$$
$$\therefore \quad R_A = 130 \text{ kN}$$

R_B は点Aのまわりのモーメントより（図（b））

$$\sum \widehat{M}_{(A)} = -P \cdot 2 + 8q \cdot 2 - R_B \cdot 4 + 2q \cdot 5 = 0$$
$$\therefore \quad R_B = 110 \text{ kN}$$

（検算） $R_A + R_B = 240$ kN， 荷重 $P + 8q + 2q = 240$ kN

反力の計算を間違えると，後のすべてが間違いとなるので，検算の習慣をつけること。

問 4.1 図4.4（a）〜（f）のはりの支点反力を求めよ。検算式を示すこと。

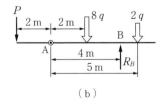

図4.3 張出しばり

---

1) 反力（Reaction Force）
2) 点Aを中心とするモーメントを本書では $M_{(A)}$ と書く（p.18脚注1）参照）。

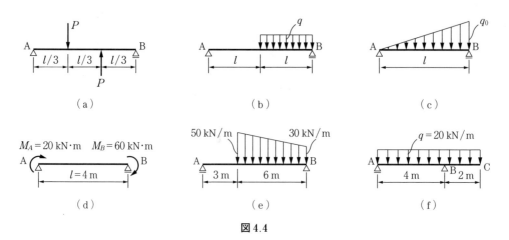

図 4.4

4.3 断面力（曲げモーメントとせん断力）

4.3.1 曲げモーメント，せん断力の定義

力が作用している物体の断面には図 2.15 に示したように，軸力 N，曲げモーメント M，せん断力 Q が生じているが，はりの場合，軸力は通常生じないか，きわめて小さいため一般にはこれを無視し，断面力としては M と Q だけを考えることが多い。初めにはりに生じる曲げモーメント M とせん断力 Q について少し詳しく調べよう。

〔1〕**はりの内部応力の分布状態**　図 4.5（a）は鉛直荷重と支点反力を受けるはりの左半分を取り出したものである。はりのある切断面 m-m には，同図の矢印で示したように，断面高さ方向に大きさと方向が変化する複雑な内部抵抗力が分布している。断面上のある点 i の内力を p_i，応力を σ_i とすると，$p_i=\sigma_i dA$ であるから，応力の分布は内力の分布と同様であると考えてよい。図（b）はこの内力分布を拡大して示したものである。このような複雑な内力分布は取り扱いにくいため，これをはりの軸方向（x）の力 p_i とそれに垂直な方向（y）の力 q_i とに分解すると図（c）と図（d）のようになる。

曲げモーメント：図（c）の軸方向の内力は，はりの上縁から下縁まで直線的な分布をなし，明らかに O 点を中心に断面を回転させようとするモーメント力 $p_i y_i$ の集合である（ここに y_i は中立軸

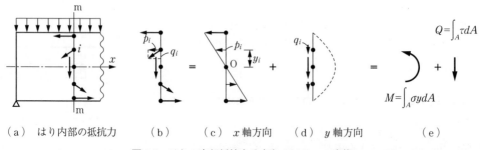

（a）はり内部の抵抗力　　（b）　　（c）x 軸方向　　（d）y 軸方向　　（e）

図 4.5　はりの内部抵抗力分布と M，Q への変換

x から p_i までの距離)。このような回転に対する内部抵抗力を**曲げモーメント**（**bending moment**，略して M）と呼ぶ。すなわち，$M = \sum p_i y_i$ である。断面内の応力 σ（$= p/dA$）を**曲げ応力**という。曲げモーメントを σ で連続的に表せば $p = \sigma dA$ であるから

$$M = \int_A py = \int_A \sigma y dA \qquad \cdots (\text{a})$$

せん断力：同様に，図（d）の断面に平行な内力 q_i は，はり断面の上下縁では 0，中央部で最大となるように分布している（大きさの分布は長方形断面では，図（d）に破線で示す放物線形）。これを断面全体に集めた合力 $\sum q_i$ を，**せん断力**（略して Q）と呼ぶ[1]。内力 q_i の単位面積当たりの力 τ_i（$= q_i/dA$）を**せん断応力**と呼ぶ。連続的な表現では，せん断応力 τ を断面積 A について積分すればよく

$$Q = \int_A \tau dA \qquad \cdots (\text{b})$$

上式（a），（b）は式（2.8）と同じである。このように，初めに示した図（a）の複雑な内力分布は，図（e）に示すような二つの力 M と Q とに集約できた。これらの断面に働く力を**断面力**と呼ぶ。

〔2〕**はりの設計における M，Q の意義**　断面力 M，Q の意義を，以下のはりの設計における手順 1)〜4) から考えてみよう（1.5 節参照）。

1) 静定ばりでは，荷重による支点反力を求めた後，仮にはりを切断して自由物体を作り，切断面に断面力 M，Q を仮定する。この自由物体に作用するすべての力のつりあいから，容易に M，Q の値を求めることができる。

2) M，Q の値は，一般にはりの長さ方向に沿って変化するので，これを図にして表す。これらを**曲げモーメント図**（**bending moment diagram**，M 図）および**せん断力図**（**shear force diagram**，Q 図）と呼ぶ。これらの図から，M，Q の最大値がどこに生じるのか，ただちにわかる。

3) M，Q の最大値から，図 4.5（c）のはりの上下端に生じる曲げ応力の最大値 σ_{max}（**最外縁応力**（**extreme fiber stress**）という）や図（d）のせん断応力 τ_{max}（または断面での平均値 τ_m）を知ることができる（後に学ぶ式（4.22），（4.28）による）。

4) これらの最大応力 σ_{max}，τ_{max} が，設計基準に照らして基準値以下かどうかチェックする。基準値を超えていれば，このはりは破壊するとみなして，断面を大きくしなければならない。しかし応力が小さすぎると，断面が大きすぎることになり，不経済であるので，断面の修正を行う[2]。以上の作業を繰り返し，安全で，経済的な断面を決定する。

以上の設計過程からわかるように，M，Q の値を知ることは設計上，重要な過程であるため，本

---

1) 日常一般で使われるせん断力とは，はさみで物を切るように，物体を断ち切ろうとする力のことをいう。これはある断面に沿って作用する大きさが等しく，逆向きの力である。しかし構造力学では，このような外力ではなく，本文で述べたような内部抵抗力（断面力）のことをせん断力と呼ぶ。部材のせん断力 Q は直接的な外力 P によらなくても，長さ方向に曲げモーメント M が変化するところで生じる（式（4.9））。

2) 一般に，設計では応力が許容値の 95% 以下であると，安全すぎて不経済な断面とみなし，断面を小さくする。

書でも以下で多くの例題を用いて，はりの M，Q の値の求め方，M，Q 図の求め方を詳しく学んでいく[1]。

4.3.2 単純ばり

図 4.6（a）に示す 1 点集中荷重 P を受ける単純ばりを例に，断面力 M，Q を求める手順を説明する。

1) **支点反力**　まず初めに支点反力を求める。

$$\left. \begin{array}{l} \sum \widehat{M}_{(B)} = R_A l - Pb = 0 \quad \therefore \ R_A = \dfrac{Pb}{l} \\[4pt] \sum \widehat{M}_{(A)} = -R_B l + Pa = 0 \quad \therefore \ R_B = \dfrac{Pa}{l} \end{array} \right\} \quad (4.1)$$

（検算）　$R_A + R_B = P(a+b)/l = P$

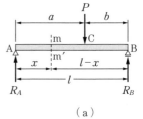

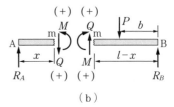

2) **はりの AC 区間の断面力の仮定**　支点 A から右へ距離 x の位置 m-m′ ではりを切断し，切断面に図（b）に示すような正の方向の曲げモーメント M，せん断力 Q を仮定する。切断面の左右には大きさが等しく，逆向きの断面力がつねに生じて，たがいにつりあいを保っている（**図 4.7**（b），（c）参照）。

図 4.6　単純ばりの断面力

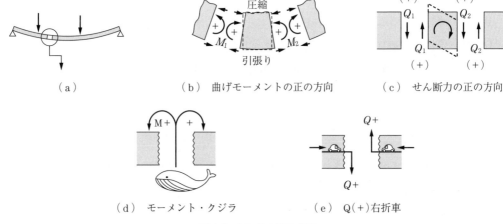

図 4.7　M，Q の正の方向

3) **曲げモーメントの正の方向**　これは一般には単純ばりの最も自然な荷重状態を想定して定められている。すなわち，われわれの経験する単純ばりの最も一般的な状態は，図 4.7（a）に示すように鉛直荷重を受けて下方にたわみ，はりの上側が圧縮され，下側が引張りの状態にある。図（b），（c）は，はりの一部を拡大したもので，このような変形状態を生じさせる曲げモーメントの方向を正と約束する。すなわち，右に向いた（右側の）断面では左まわりの曲げモーメントが正

---

[1]　はりの M，Q の求め方，M，Q 図に関しては構造力学の最重要基礎事項であるため，従来から採用試験等で最もよく出題されている。

である．はりの**上側が圧縮，下側が引張り**となるような変形をはりに与える曲げモーメントの方向**が正**と覚えておくとよい（あるいはクジラの塩吹きの方向，図4.7（d））．もし，このように仮定して計算したMの値が負値であったなら，その断面における曲げモーメントの向きが図4.7（b）とは逆向きに生じている，ということを意味している．このときには，はりの上側が引張りとなる．

4）**せん断力 Q の正の方向**　図4.7（c）の破線で示したようなせん断変形[1]を生じさせる力の方向を正と約束する．すなわち，断面の右側を下げる力がせん断力の正の方向となる．切断面の間に，もし回転する粒子があったとすると正のせん断力によってこの粒子は右方向に回転する[2]．あるいは"車が断面に向かって進行するとき，断面で右折する方向にQの矢印"を記入する．この場合も実際のせん断力の方向が上の仮定と反対向きであるときには，計算結果が負値となって現れる．

5）**自 由 物 体**　もし，ほんとうにはりを切断すると，切断面上の応力は解放されてしまうが，初めに存在した断面力M，Q（合応力）を切断面上に作用させておく限り，はりを切断しても力のバランスはくずれない．M，Qは内部抵抗力であり，外からの作用力とは異なることに注意すべきであるが，このように部材を切断して**自由物体**として考えるときには，断面力M，Qは，断面に作用する外力のように取り扱うことができる．そして自由物体に作用するすべての荷重，反力，断面力は力のつりあいを保っている（切断定理 p.22 参照）．

例えば，図4.6（b）の切断面の左側のはり部分 Am は，支点反力R_Aと断面力M，Qが作用する自由物体であり，これらの力がつりあいを保って，空間に浮かんで静止していると考える．そのとき，図（a）のはりの区間 AC（$0 \leq x \leq a$）の断面におけるM，Qは，つりあい条件式（2.7 a, b）より次のように求められる[3]．

$$\sum V\uparrow = R_A - Q = 0 \quad \therefore \quad Q = R_A = \frac{Pb}{l} \tag{4.2a}$$

図4.6（b）のはり部分 Am の切断位置 m でのモーメントのつりあいより[4]

$$\sum \widehat{M}_{(m)} = R_A x - M = 0 \quad \therefore \quad M = R_A x = \frac{Pb}{l} x \tag{4.2b}$$

6）**もう一方の自由物体**　切断面 m-m の右側の部分 mB についても同じようにつりあい式を立てることができるが，得られるQ，Mの解は以下に示すように前の結果と同じになるので，どちらか計算の簡単なほうを選べばよい．QとMの方向に注意して

$$\sum V\uparrow = Q - P + R_B = 0 \quad \therefore \quad Q = P - R_B = R_A = \frac{Pb}{l}$$

$$\sum \widehat{M}_{(m)} = M + P(l-x-b) - R_B(l-x) = 0 \quad \therefore \quad M = -P(a-x) + \frac{Pa}{l}(l-x) = \frac{Pb}{l}x$$

1）一般の構造力学で取り扱うはりでは，図4.7（c）の破線で示したようなせん断変形は，曲げ変形に比べて非常に小さいので普通は無視し，せん断応力またはせん断力のみ考える．
2）両手に鉛筆などをはさんでこの鉛筆が右回転となるよう手を動かしたとき，一方の手を断面とすると，他方の手が正のせん断力を表す．
3）断面力M，Qは一般には座標xの関数であるから$M(x)$，$Q(x)$のように表されるが，本書では簡単のためにこれらをM，Qと表す．
4）自由物体 Am にはR_A，M，Qの三つの力が作用しているが，点 m でモーメントを考えるとき，Qは回転中心 m までの距離が 0 であるので，つりあい式の中に入らない．すなわち，Qを式の中に入れないために，点 m を回転中心にとる．

7）はりの区間 CB の M, Q　　つぎに，荷重点 C より右側の区間 CB（$a \leq x \leq l$）での Q, M を求めよう。図 4.8 の切断点 n の右側部分の力のつりあいより[1]

$$\sum V\uparrow = Q + R_B = 0 \quad \therefore \quad Q = -R_B = -\frac{Pa}{l} \tag{4.3a}$$

点 n でのモーメントのつりあいより

$$\sum \widehat{M}_{(n)} = M - R_B(l-x) = 0 \tag{4.3b}$$

$$\therefore \quad M = \frac{Pa}{l}(l-x)$$

あるいは B 点から左方向へ x_2 をとると

$$M = R_B x = \frac{Pa}{l} x_2 \tag{4.3c}$$

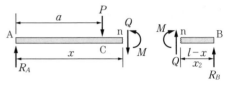

図 4.8　独立したはり部分の力のつりあい

切断点の左側部分に対してつりあい式を求めても同じ結果が得られるから，式が簡単になるほうを選ぶ。

8）曲げモーメント図，せん断力図　　式（4.2a, b），（4.3a, b）で求められた Q と M で $x=0$ および a（あるいは，$x_2=0$ および b）とおき，M, Q の値を求め，図示すると，図 4.9（a），（b）のようになる。同図で横軸は x で，縦軸は M または Q を下向きに正の方向にとっている[2]。このような図を**断面力図**と呼び，具体的には図（a）を**曲げモーメント図**（M 図），図（b）を**せん断力図**（Q 図）という。作図に際しては目盛付定規を用いて正しく線を引くこと[3]。

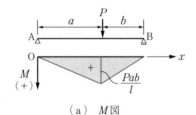

（a）M 図

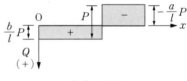

（b）Q 図

図 4.9　集中荷重を受ける単純ばりの断面力図

▢問 4.2　図 4.8 の切断点の左側部分に対してつりあい式を立てて M, Q を求め，式（4.3）と比較せよ。また，$a=l/2$ のとき最大曲げモーメント $M_{max}=Pl/4$ を確かめよ。

▢問 4.3　図 4.9 の断面力図を見て考えられることをできるだけ多く書き出せ。

▮例題 4.3　図 4.10 に示す等分布荷重を受ける単純ばりの曲げモーメント図，せん断力図を描く。

〔解〕（1）支点反力：$R_A = R_B = ql/2$
（2）支点 A から右へ x の位置ではりを切断し，図（b）のように M, Q を正の向きに仮定する。
（3）距離 x の区間の分布荷重を集中荷重 qx におきかえ，分布の重心 $x/2$ の位置に作用させる（2.1.2 項の〔3〕参照）。
（4）図（b）の部分はり（自由物体）について切断点でのモーメントおよび鉛直方向の力のつりあいより

---

[1] 切断点の右側の部分 nB で考えたほうが式の中に P が入らないため簡単になる。
[2] わが国の構造力学の一般的なたわみの方向は下向き正なので，これに合わせてある。外国の教科書（主として米国）では逆向きもある。
[3] 指示されていない限り，M, Q 図の縦方向の大きさはバランスを考え，自由な大きさで描いてよい。また数値が得られているときには，その単位をまとめて図の横に書き加えるとよい。

$$\left.\begin{aligned}&\sum \widehat{M} = R_A x - qx\frac{x}{2} - M = 0\\ &\therefore\ M = \frac{ql}{2}x - \frac{qx^2}{2} = \frac{q}{2}x(l-x)\\ &\sum V\downarrow = -R_A + qx + Q = 0\\ &\therefore\ Q = \frac{ql}{2} - qx = q\left(\frac{l}{2} - x\right)\end{aligned}\right\} \quad (4.4)$$

最大曲げモーメントは,$Q=0$ のとき[1],はり中央 $x=l/2$ で生じ,$M_{\max}=ql^2/8$ となる.

(5) 式(4.4)を図示すると図4.10(c),(d)が得られる.放物線形 M 図のきれいな描き方を4.5節で述べる.

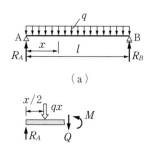
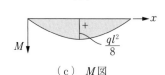
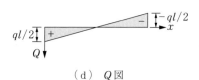

図4.10 分布荷重を受ける単純ばりの断面力図

問 4.4 図4.10の M 図,Q 図を観察し,図4.9の M 図,Q 図と比較して特徴および両者の相違を記せ.

研究 4.1 構造物を設計するにあたっては,1.4節で述べたように作用荷重の単純化が行われる.分布荷重を集中荷重におきかえたり,逆にいくつかの集中荷重を分布荷重におきかえることがある.その場合の誤差はどの程度なのであろうか.図4.10の分布荷重を図4.11(a)に示すように4等分して,四つの等しい集中荷重におきかえたときの曲げモーメント図,せん断力図を求めて両者を比較しよう.

〔解説〕集中荷重におきかえた場合の曲げモーメント図は,図(b)に示す分布荷重 q による M 図の外接多角形となる.また,分布荷重を分割した位置で曲げモーメントの値が一致する.なお,集中荷重点での曲げモーメントの値の誤差については各自計算されたい.このような粗い近似でも M 図の誤差が非常に小さいことは注目すべきである.

せん断力図は階段状になる.分布荷重が横桁などのほかの部材を介して間接的に主桁に伝えられる場合(5.4節 "間接載荷" 参照)にもこれと似た図が見られる.

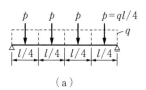
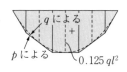
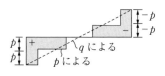

図4.11 分布荷重を集中荷重におきかえたはり

例題 4.4 図4.12(a)に示す単純ばりの M,Q 図を求める.

〔解〕(1) 反力:分布荷重を等価な集中荷重 $p=q\cdot 4=80\,\mathrm{kN}$ におきかえ,CDの中央,(点Aから右へ 6 m の位置)に作用させる.式(4.1)の結果を利用し

$$R_A = \frac{pb}{l} = \frac{80\times 4}{10} = 32\,\mathrm{kN},\quad R_B = \frac{pa}{l} = \frac{80\times 6}{10} = 48\,\mathrm{kN}$$

(検算)$R_A + R_B = 80\,\mathrm{kN}$ (= 作用荷重)

(2) 区間 AC($0 \leq x \leq 4\,\mathrm{m}$):図4.6(b)および式(4.2)を参照して

$$Q = R_A = 32\,\mathrm{kN},\quad M = R_A x = 32x\,[\mathrm{kN\cdot m}] \quad (x=4\,\mathrm{m}\text{ のとき } M = 128\,\mathrm{kN\cdot m})$$

(3) 区間 CD($4\,\mathrm{m} \leq x \leq 8\,\mathrm{m}$):図(d)のように区間 CD ではりを切断し,$Q$,$M$ を仮定する.Cm区

---
1) $dM/dx = Q$ の関係があるため(後述4.4節(4)参照).

間の分布荷重を集中荷重 $p = q(x-4)$ におきかえ，Cm の中央に作用させる（図（e））。鉛直方向の力および点 m のまわりのモーメントのつりあいより

(a)

$$\sum V\downarrow = -R_A + q(x-4) + Q = 0$$

(b)

$$\therefore Q = R_A - q(x-4) = 32 - 20(x-4)$$
$$= 112 - 20x$$

$$\sum \widehat{M}_{(m)} = R_A x - q(x-4)\frac{(x-4)}{2} - M = 0$$

$$\therefore M = 32x - 20(x-4)^2/2$$
$$= -(10x^2 - 112x + 160)$$
$$= -10(x-5.6)^2 + 153.6$$

(c)

曲げモーメントの最大値はこの式の極値条件を満足する x の値より求められる。

$$\frac{dM}{dx} = -20(x-5.6) = 0$$

(d)

$$\therefore x = 5.6\,\text{m}, \quad M_{\max} = 153.6\,\text{kN}\cdot\text{m}$$

この区間では点 C を原点にとり，x を右向きへとってもよい。

(e)

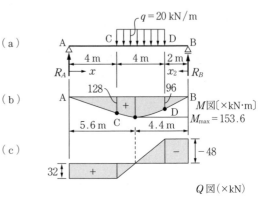
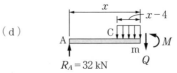
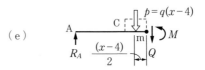

図 4.12　部分的に分布荷重の作用するはり

（4）区間 DB：x_2 を支点 B から左向きにとると図 4.8，式（4.3）を参照して $(x_2 = l - x)$，$(2\,\text{m} \geq \overleftarrow{x}_2 \geq 0)$

$$Q = -R_B = -48\,\text{kN},\quad M = R_B x_2 = 48 x_2\ (x_2 = 2\,\text{m のとき } M = 96\,\text{kN}\cdot\text{m})$$

以上を図示すると図 4.12（b），（c）の M，Q 図が得られる。図（b）の M 図で，区間 CD の曲線は直線 $\overline{AC}$ と点 C で，また直線 $\overline{DB}$ と点 D で接している。すなわち，それらの点で曲線の傾きは直線に等しいので滑らかな M 図を描く必要がある。M 図のきれいな描き方を後述の 4.5 節で学ぶ。

・**曲げモーメント図とせん断力図の一般的特徴**

いままでにいくつかの曲げモーメント図，せん断力図を観察してきたが，これらには以下に述べるような一般的特徴があり，これをよく理解しておけば以後の作図を正しく行う上で役立つであろう。

（1）荷重の作用していない区間では，曲げモーメントは直線的に変化し，せん断力は一定となる（図 4.9，図 4.12）。集中荷重の作用するはりの M 図は多角形となる。M 図の傾きが Q の値となる。

（2）等分布荷重作用区間では，M 図は放物線形，Q 図は直線となる（図 4.10，図 4.12）。

（3）単純ばりのせん断力は，支点上で支点反力の絶対値に等しく，また集中荷重点ではその集中荷重の大きさだけ変化する（図 4.9，図 4.11）。

（4）単純ばりのせん断力図の面積の総和は 0 になる[1]。

---

1) 4.3.5 項 "モーメント荷重が作用するはり" では，せん断力図の面積の総和は 0 にならない（図 4.17，図 4.18 参照）。

（5）せん断力の符号が反転する点（$Q=0$ なる点）で曲げモーメントは極値（M_{max} または M_{min}）をとる。

（1）〜（5）の内容の数学的意味は4.4節で学ぶ。なお，はりの曲げモーメント図は，ロープのように曲げにまったく抵抗しない材料に荷重や反力を作用させてできる形状に相似である。特に単純ばりの M 図は，両端を固定したゴム糸に荷重を作用させた形としてただちに求められる（**図 4.13**）。その力学的意味は9.2節♦で学ぶ。この方法をよく理解し，修得していれば，ほとんどの荷重，はりの種類についての M 図，Q 図を素早く簡単に描くことができるようになるので，本章の4.5節でこれを練習する。（図4.14，図4.16の M 図はロープで表されるか？）

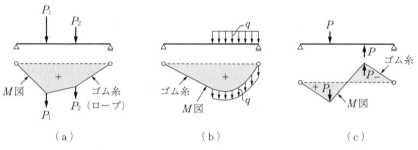

図 4.13　ゴム糸（ロープ）形状と曲げモーメント図

問 4.5　上記（4）について図4.9，図4.12の Q 図を利用して確かめよ。また，なぜそうなるのか考察せよ。

問 4.6　図4.4（a）〜（f）に示すはりの変形図を描き，図4.13を参照してはりをロープにおきかえ，M，Q 図の概略図を描け。次に，M，Q の計算式より正しい M，Q 図を描け。

4.3.3　片持ばり

片持ばりの断面力を求めるには，必ずしも支点反力を求める必要はない。図4.14（a）の片持ばりでは，距離 x を点Aから右へとるより，図（b）に示すように自由端から左向きへ x をとり，その位置mではりを切断し，できた自由物体に正の断面力 M，Q を仮定してつりあいを考えるほうが簡単になる。分布荷重は距離 x の区間の分布の重心位置に作用する集中荷重 $p=qx$ におきかえる。図（b）の自由物体の力のつりあいより

$$\sum \widehat{M}_{(m)} = qx\frac{x}{2} + M = 0$$

$$\therefore \quad M = -\frac{q}{2}x^2 \quad \left(x=l \text{ のとき } M = -\frac{q}{2}l^2\right) \quad (4.5\text{a})$$

$$\sum V\downarrow = qx - Q = 0$$

$$\therefore \quad Q = qx \quad (x=l \text{ のとき } Q = ql)$$

M，Q 図は図（c），（d）のようになる。

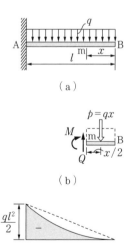

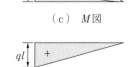

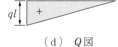

図 4.14　片持ばりの M，Q 図

問 4.7 図4.15（a）に示す片持ばりの M，Q図を求めよ。

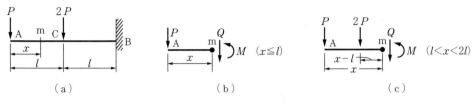

図4.15　片持ばり

4.3.4　張出しばり

図4.16（a）に示す張出しばりの曲げモーメント，せん断力を求めてみよう。

（1）反力 R_A，R_B は〔例題4.2〕の計算結果を利用し

$$R_A = 130\text{ kN},\quad R_B = 110\text{ kN}$$

（2）区間CA（$0 \leq x_1 \leq 2$）：前項の片持ばりの問題と同じであり，図4.15（b）の自由物体Amを参照し（x を x_1 とおいて）

$$Q = -P = -40\text{ kN},\quad M = -Px_1 = -40x_1$$

$$(x_1 = 2\text{ m で};M = -80\text{ kN·m})$$

（3）区間AB（図4.16（b）で x_3 を支点Aから右へとる。（$0 \leq x_3 \leq 4$））：図4.16（b）の自由物体に対し，つりあいを考えると

$$\sum V\downarrow = P - R_A + 2qx_3 + Q = 0$$

$$\therefore\quad Q = 90 - 40x_3$$

$$\sum \widehat{M}_{(m)} = -P(x_3+2) + R_A x_3 - 2qx_3\frac{x_3}{2} - M = 0$$

$$\therefore\quad M = -(20x_3^2 - 90x_3 + 80)$$

$$dM/dx_3 = 0 \text{ より } x_3 = 2.25\text{ m}\quad\therefore\quad M_{\max} = 21.25\text{ kN·m}$$

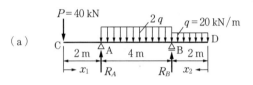

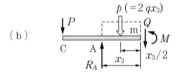

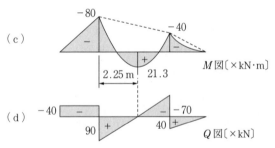

図4.16　張出しばりの力のつりあいと M，Q図

（4）区間BD（x_2 をDから左向きにとる。$2 \geq x_2 \geq 0$）：この場合は図4.14の片持ばりと同じであるから，同図（b）のつりあいより（式（4.5 a, b）参照）

$$Q = qx_2 = 20x_2\quad (x_2 = 2\text{ m で } Q = 40\text{ kN})$$

$$M = -\frac{qx_2^2}{2} = -x_2^2\quad (x_2 = 2\text{ m で } M = -40\text{ kN·m})$$

以上の式より M，Q図を描くと，図4.16（c），（d）となる。

4.3.5 モーメント荷重が作用するはり

はりは，スパン途中に横方向に接続されたほかの部材から，モーメント荷重を受けることがある。また，連続ばりやラーメンでは，部材端に隣接する柱やはりからの作用によって部材端に曲げモーメントが生じる（図2.7（b），（c）参照）。1本の部材として取り出して考えた場合には，これらのモーメントを外力モーメントとして取り扱う。

モーメント荷重を受けるはりの例として，図4.17（a）のはりを考えよう。このはりに作用するモーメント荷重 M_0 を図（b）のように $M_0 = P\Delta$ なる偶力におきかえても，Δ に十分小さな距離を与える限り，はりへの作用力の効果は同じである（2.1.2項〔2〕参照）。図（b）で，反力 R_A を求めると

$$\sum \widehat{M}_{(B)} = R_A l + P(b + \Delta/2) - P(b - \Delta/2)$$
$$= R_A l + P\Delta = R_A l + M_0 = 0 \quad \cdots(a)$$
$$\therefore \quad R_A = -\frac{P\Delta}{l} = -\frac{M_0}{l} \quad \cdots(b)$$

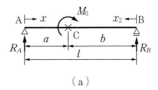

(a)

式（a）は点Bのまわりのモーメントのつりあい式であるが，この式の中で P または M_0 の作用位置を表す a または b が消え去ることに注意しよう。すなわち，式（b）に見るように反力の値は，M_0 の作用位置に無関係な値となっている。通常は M_0 を $P\Delta$ におきかえないで式（a）の最後の項のように M_0 を直接書き込む。図（a）について，改めて反力 R_A, R_B を求めると

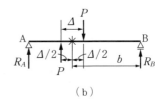

(b)

$$\left.\begin{array}{l}\sum \widehat{M}_{(B)} = R_A l + M_0 = 0 \\ \therefore \quad R_A = -M_0/l \\ \sum \widehat{M}_{(A)} = -R_B l + M_0 = 0 \\ \therefore \quad R_B = M_0/l\end{array}\right\} \quad (R_A + R_B = 0) \quad \cdots(c)$$

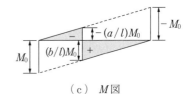

(c) M図

となり式（b）と同じ結果を得る。鉛直力は働いていないので，反力の和は0となる。図（a）の区間ACのせん断力 Q，曲げモーメント M は，式（4.2a,b）より（図4.6（b）参照）

(d) Q図

図4.17　モーメント荷重が作用するはりの M, Q図

$$Q = R_A = -\frac{M_0}{l} \quad \cdots(d)$$

$$M = R_A x = -\frac{M_0}{l}x \quad \left(x = a \text{ で } M = -\frac{a}{l}M_0\right) \quad \cdots(e)$$

同様に区間CBでは，x_2 を点Bから左向きにとると式（4.3a,b）より

$$Q = -R_B = -\frac{M_0}{l} \quad \cdots(f)$$

$$M = R_B x_2 = \frac{M_0}{l}x_2 \quad \left(x_2 = b \text{ で } M = \frac{b}{l}M_0\right) \quad \cdots(g)$$

式（d）〜（g）を図示すると図4.17（c）および（d）となる。

【問】**4.8** 図4.17（c），（d）の M，Q 図の特徴を述べよ。

【例題】**4.5** 図4.18（a）の単純ばりの材端A，Bにそれぞれ，外力モーメント M_A，M_B が図の方向に作用している。このはりの M，Q 図を求める。

〔解〕（1）反力 R_A：点Bのまわりのモーメントのつりあいより

$$\sum \widehat{M}_{(B)} = R_A l + M_A + M_B = 0$$

$$\therefore \; R_A = -\frac{M_A + M_B}{l} \quad (4.6)$$

同様にして

$$\sum \widehat{M}_{(A)} = -R_B l + M_A + M_B = 0$$

$$\therefore \; R_B = \frac{M_A + M_B}{l} \quad (R_A + R_B = 0)$$

（2）支点Aから右へ x の位置 m で断面力 M，Q を仮定し（図（b）），自由物体 Am に対してつりあい式を立てると

$$\sum \widehat{M}_{(m)} = M_A + R_A x - M = 0$$

$$\therefore \; M = M_A - \frac{M_A + M_B}{l} x \quad (4.7\text{a})$$

$$(x=0 \text{ で } M = M_A), \quad (x=l \text{ で } M = -M_B)$$

$$\sum V \downarrow = Q - R_A = 0$$

$$\therefore \; Q = R_A = \frac{-(M_A + M_B)}{l} \quad (4.7\text{b})$$

（3）M，Q 図は図4.18（c），（d）となる。点Bの曲げモーメントの値は $-M_B$ である。

図4.18 両端にモーメントの作用するはり

【問】**4.9** 図4.19（a）に示す構造の曲げモーメント図を描け。部材ABは，右側に引張りが生じたとき（図中の破線）を正の曲げモーメントとする（図（b）とおいて考えよ）。

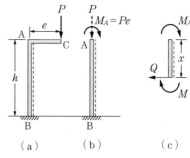

図4.19 簡単なラーメン

【研究】**4.2** 図4.16（a）の張出しばりの中央区間ABの曲げモーメントは，図4.20（b）に示すように張出し部ACの点Aの曲げモーメント M_A とBDの点Bの曲げモーメント M_B とを単純ばりABの支点A，Bに作用させた場合の曲げモーメントに等しい。

一般に複数の荷重が作用するはりの曲げモーメントは，荷重を別々に作用させた場合の曲げモーメントを重ね合わせて求められる。この場合は図（c）のように，分布荷重の曲げモーメント図と材端モーメント M_A，M_B による曲げモーメント図を別々に求めておき，これを図（d）のように合成すればよい。ただし最大曲げモーメントの生じる位置は一般には合成前後で異なる。図（d）では図（c）の下側の M 図の A'B' に上側の放物線のABを一致させている。上の放物線 M 図を動かさないで，下の M 図を下側が（−）となるよう反転させ，上の M 図の点Aに下に -80（kN·m），点Bに下方に -40（kN·m）とり，これらを直線で結んでもよい。（+）（−）M 図の重なったところは $M=0$ となる。

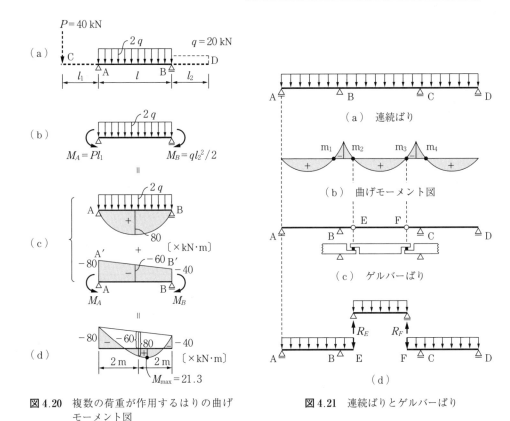

図 4.20 複数の荷重が作用するはりの曲げモーメント図

図 4.21 連続ばりとゲルバーばり

4.3.6 ゲルバーばり

大河川を渡る橋には**図 4.21**（a）のような連続ばり形式とすることが多い。連続ばりでは一般に単純ばりを数個並べるよりも曲げモーメントの値が小さくなり，経済的になるほか，車両の走行性も改善される。

図 4.21（a）の3径間連続ばりが等分布荷重を受ける場合[1]，曲げモーメント図は図（b）のようになり，図中 m_1, m_2, m_3, m_4 の4点では曲げモーメントが0となる。よって，これらの点では部材の曲げ抵抗は0でよい。例えば，図（c）のように構造が不安定にならないように4点のうちの2点を選んでヒンジ構造とすると，曲げモーメント図を変えることなく，すなわち，連続ばりの経済性を損なわず連続ばりを静定構造に変えることができる。このような構造をドイツのHeinrich Gerber（1832〜1912年）が考えたので，**ゲルバーばり**（**Gerber beam**）という。ゲルバーばりは静定構造であるから地盤条件が悪く，支点の不等沈下の生じやすいところで用いても連続ばりのように過大な応力が生じない。また曲げモーメントの急変する支点B，C上ではりが切断されていないので，走行性も改善できる合理的な構造形式である[2]。

---

1) 橋のスパンが大きくなるほど走行車両荷重より桁の自重の割合が大きくなり，一般的使用状態での荷重は等分布荷重に近くなる。また車両荷重列も分布荷重に近くなる。
2) 図 4.21の点E，Fのような継ぎ手部では，一方の桁の受け部分と他方の桁の載せ部分で断面高さが半減し，応力集中や疲労破壊，腐食が生じやすいため，設計には細心の注意が必要である。近年，この部分の損傷が目立つため，また耐震安全性向上のため，この形式を避け，連続ばり形式にする傾向にある。

ゲルバーばりは，一般に単純ばりと張出しばりを組み合わせた形式が多く，断面力を求めるには図（d）に示すように，初めに単純ばりを分離した後，その支点反力を張出しばりのヒンジ点に新たな荷重として作用させて解けばよい。

［例題］4.6 図4.22（a）に示すゲルバーばりの M，Q 図を描く。

〔解〕初めに単純ばり AB の支点反力を求めると（図（b））
$$R_A = R_B = 40\,\text{kN}$$
したがって，R_B が張出しばり BCD の点 B に作用する。点 B には別の荷重 $P_2=30\,\text{kN}$ があるから計 70 kN が作用する。このように分離できれば，あとはすでに学んだ単純ばりと張出しばりの M，Q 図を描けばよい。結果は図（c），（d）のようになる。なお，$R_C=225\,\text{kN}$，$R_B=85\,\text{kN}$ である。

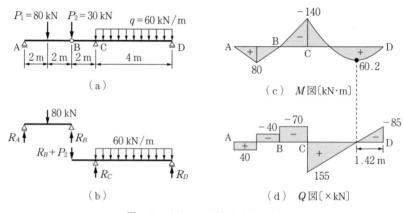

図4.22　ゲルバーばりの M，Q 図

4.4　断面力と荷重の相互関係

前節では，荷重を受けるはりの曲げモーメント M とせん断力 Q とを別々に求めたが，荷重強度 q および M と Q の間には，数学的に密接な関係がある。この関係をはりの微小部分における力のつりあいから求めてみよう。

図4.23（a）の分布荷重 $q(x)$ が作用するはり上のある位置で，微小幅 dx を取り出し，図（b）に示すように，左側の断面上に曲げモーメント M，せん断力 Q が生じているとし，そこから dx 離れた右側の断面上には，それらの値からそれぞれ微小増分 dM，dQ 変化した曲げモーメント $M+dM$ とせん断力 $Q+dQ$ が作用しているとする。

〔1〕**微 分 関 係**　この微小物体は切断面に断面力が仮定されており，独立物体であるから，この物体に作用するすべての力はつりあい状態にある。よって右側断面の中央点 O におけるモーメントのつりあいより

$$\sum \widehat{M}_{(O)} = M - (M+dM) + Qdx - q(x)dx\frac{dx}{2} = 0 \tag{4.8}$$

式 (4.8) で，微小量 dx の 2 次の項（高次の微小量という）は他項と比べてきわめて小さく無視できるから[1]，これを整理すると次の関係式を得る。

$$\frac{dM}{dx} = Q \tag{4.9}$$

この式は，曲げモーメントの変化率はせん断力 Q に等しいことを表している[2]。

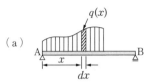

つぎに，図 (b) の微小物体の鉛直方向の力のつりあいを考えよう。

$$\sum V\downarrow = -Q + (Q + dQ) + q(x)dx = 0$$

ゆえに次式となる。

$$\frac{dQ}{dx} = -q(x) \tag{4.10}$$

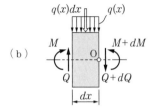

上式はせん断力の変化率が荷重強度 $q(x)$ の負値であることを示している。式 (4.9)，(4.10) は，はりの曲げモーメント M とせん

図 4.23 断面力と荷重の関係

断力 Q に関するきわめて重要な式であり，これらの式より，4.3.2 項の "曲げモーメント図とせん断力図の一般的特徴"（p.62）で述べた数学的意味が理解できる。すなわち

（1）はり上で分布荷重が作用していない区間（例えば図 4.9，図 4.12）では，$q(x)=0$ であるから，式 (4.10) より，$dQ/dx=0$。したがって "$Q=$ 一定" となる。またこのとき式 (4.9) より $dM/dx=$ 一定。よって M は 1 次式となり，M 図は直線となる。

（2）等分布荷重区間では，$q(x)=$ 一定。よって式 (4.10) より Q は 1 次式，式 (4.9) より M は 2 次式となる（図 4.10，図 4.12）。

（3）式 (4.9) より，はり上の $Q=0$ の区間では $dM/dx=0$，すなわち "$M=$ 一定" となる。このような載荷形式の例を**図 4.24** に示す[3]。同図の CD 区間は $M=$ 一定，$Q=0$ となり，この区間を**純曲げ区間**という。

（4）式 (4.9) より M の最大値は $Q=0$ の点に現れる。

上記 (1) ~ (4) は逆も成立する。

図 4.24 (d) のように，図 (a) のはりの点 D，B の P の

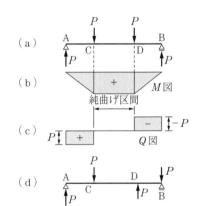

図 4.24 2 点載荷

向きを逆にした場合，はりの区間 CD にはせん断力一定の区間が再現できるが，$M=0$ となるのは CD の中点位置だけである（M，Q 図を描いて確かめよ）。

---

1) 大きさ 1 に対して微小量 dx を仮に 10^{-3}（1000 分の 1）と考えると，$(dx)^2$ は 10^{-6}（100 万分の 1）の極微小量となる。
2) 図 4.14 の x および図 4.16 の区間 BD の x_2 のように左向きにとった場合は式 (4.9) の Q の代わりに $-Q$ とする。すなわち，座標軸の正の方向の M 図の傾きが Q の値となる。
3) はりの区間 CD（AC=DB）では $Q=0$，$M=$ 一定となるので，はりの曲げ実験などで 2 点載荷としてよく用いられる。区間 CD の純曲げ区間ではりの荷重-変形関係や曲率の変化を調べることができる。

〔2〕積分関係　式 (4.10) を積分すれば

$$Q = -\int q(x)dx + C_1 \tag{4.11}$$

式 (4.9) の Q を式 (4.10) に代入すれば

$$\frac{d^2M}{dx^2} = -q(x) \tag{4.12}$$

の関係があるから，上式を2回積分すると

$$M = \int Qdx + C_2' = -\iint q(x)dxdx + C_1 x + C_2 \tag{4.13}$$

　式 (4.11) および式 (4.13) を利用すれば，$q(x)$ が与えられたときに Q および M を数学的に求めることができる。ここで，積分定数 C_1，C_2 ははりの境界条件（p.23 表2.1）により定める[1]。**図4.25** に示すように単純支持点に無限に近い点（$dx \to 0$），すなわち $x=0$ での境界条件は $Q=R_A$ である。

　実際の問題で積分式 (4.11)，(4.13) を用いて Q，M を求めることはほとんどない。なぜなら $q(x)$ の分布は一般に単純化が図られており，静定ばりの Q，M は力のつりあいから簡単に求められるからである。ここで重要なのはむしろ微分式 (4.9) である。力のつりあいから $M(x)$ 式が求められれば，これを微分するのは簡単で，式 (4.9) よりただちに $Q(x)$ 式が求められる。また関数 $M(x)$ の特徴の理解にも役立つ。

　以上の式 (4.9) ～ (4.13) をまとめて示すと q，Q，M の間の関係は**図4.26**のようになる。

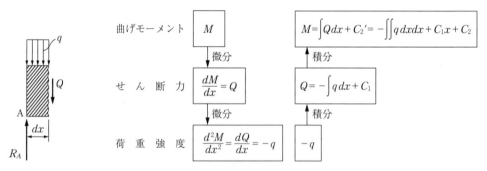

図 4.25　支点に無限に近い
　　　　点のせん断力

図 4.26　M-Q-q 関係

問　4.10　p.62 の特徴（4）で述べたことを式 (4.13) および同ページの脚注1）を参照して数学的に説明せよ〔ヒント：長さ l の単純ばりで $M(l) - M(0) = \int_0^l Qdx$ の値は？〕

問　4.11　（1）図4.23 では分布荷重強度 $q(x)$ を考えたが，図4.9，図4.24 では集中荷重による M 図，Q 図が描かれている。M 図は集中荷重の左右で直線の傾きが急変している。また Q 図では集中荷重に等しい値の変化がある。これを**図4.27**（a）に示すはりの微小区間の鉛直方向の力のつりあい式を立て，断面の左右のせん断力の差 ΔQ を求めて論ぜよ。また，モーメントのつりあいより $dx \to 0$ で $\Delta M = 0$ となることを確かめよ。

1）　例えば，図4.10 の等分布荷重を受ける単純ばりの境界条件は $x=0$ のとき $M=0$，$x=l$ で $M=0$ である。すなわち，このはりでは式 (4.11)，(4.13) より，$Q=-qx+C_1$，$M=-qx^2/2+C_1x+C_2$ となる。上の境界条件を用いて $C_2=0$，$C_1=ql/2$ を得る。

（2）図4.17にはモーメント荷重 M_0 を受けるはりの M, Q 図が示されている。この図の特徴を図4.27（b）の微小部分のつりあい式から導いた ΔQ, ΔM の式から説明せよ。

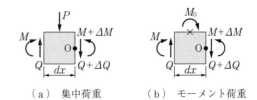

（a）集中荷重　　（b）モーメント荷重

図4.27　集中荷重，モーメント荷重と M, Q の関係

例題 4.7　図4.28（a）の三角形分布荷重を受けるはりの曲げモーメント $M(x)$，せん断力 $Q(x)$ を式（4.11），（4.13）より求める。

〔解〕支点反力は $R_A = q_0 l/6$，$R_B = q_0 l/3$ となる。支点Aから x の位置での荷重強度は三角形の比例関係より $q(x) = q_0 x/l$ である。式（4.11）にこれを代入して

$$Q(x) = -\frac{q_0}{l}\int_0^x x\,dx + C_1 = -\frac{q_0}{2l}x^2 + C_1 \quad \cdots (\text{a})$$

境界条件は $x=0$ のとき $Q(0) = R_A = q_0 l/6$ であるから，上式より $C_1 = q_0 l/6$ となる。よって

$$Q(x) = \frac{q_0}{6l}(l^2 - 3x^2) \quad \text{あるいは}$$

$$Q_0(\xi) = \frac{q_0 l}{6}(1-3\xi^2) \quad \left(\xi = \frac{x}{l}\right) \quad \cdots (\text{b})$$

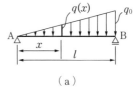

(a)

式（4.13）より（C_2' を C_2 とおく）

$$M(x) = \int_0^x Q(x)\,dx + C_2 = \frac{q_0}{6l}(l^2 x - x^3) + C_2 \quad \cdots (\text{c})$$

境界条件は $M(0) = 0$ より $C_2 = 0$ である。よって

$$M(x) = \frac{q_0}{6l}(l^2 x - x^3) \quad \text{あるいは}$$

$$M_0(\xi) = \frac{q_0 l^2}{6}\xi(1-\xi^2) \quad \left(\xi = \frac{x}{l}\right) \quad \cdots (\text{d})$$

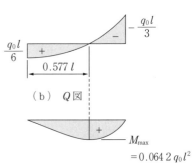

(b)　Q 図

(c)　M 図

図4.28　等変分布荷重を受けるはりの M, Q 図

$|M(x)|$ の最大値は $dM(x)/dx = Q(x) = 0$ より，$x = (\sqrt{3}/3)l\,(\fallingdotseq 0.577l)$ のとき生じ

$$M_{\max} = \frac{\sqrt{3}}{27}q_0 l^2 (\fallingdotseq 0.0642\,q_0 l^2)$$

M，Q 図は図4.28（b），（c）のようになる。

4.5　ロープ法による曲げモーメント図の描き方（早い，簡単，きれい）

はりの曲げモーメント図（M図），せん断力図（Q図）を描くことは，構造力学の学習者にとっては最重要学習事項である。4.3節"断面力（曲げモーメントとせん断力）"では，初めにつりあい式を立て，これら断面力を方程式で表した上で，M図，Q図を描いてきたが，ここでは，はりの支点反力などの簡単な計算を行うだけで，はりをロープにおきかえて，素早く，簡単に，きれいに M 図，Q 図を描く方法を学ぶ。外力を受けるはりは，内部に目に見えない力（曲げモーメント，せん断力）を宿している。この力を外に形として表したものがロープである（だからロープには曲げモーメントもせん断力もない）。

4.5.1 集中荷重を受ける単純支持ばりの M 図はサルでも描く

〔1〕 M 図 図4.29(a)は，谷間に渡したロープに一匹のサルがぶら下がっている図である。このロープ形状は図(b)に示す単純支持はりの M 図(図(c))と同じ形状である。すなわち，集中荷重が作用するはりの M 図はサルでも描く[1]。ロープの代わりに，点A，Bで固定したゴムひもの荷重点Cを，指で下に押し下げてもよい。

荷重点Cの曲げモーメントの値 M_C は，図4.9に示したように，初めにはりABの支点反力 $R_A(=Pb/l)$，$R_B(=Pa/l)$ を求めておき，これに距離 a または b を掛けるだけである。よって，$M_C = R_A \cdot a = P \cdot ab/l$ となる。

〔2〕 Q 図 図(c)のロープの形(M図)の傾きが Q の値である(式(4.9)参照)。AC区間でのロープの傾きは一定で，図(c)から $Q_A = M_C/a = R_A a/a = R_A$，同様に区間BCでは $Q_B = -M_C/b = -R_B$(CからBの方向に M 図の傾きが減少しているので(-))。これを描くと図(d)のようになる(図4.9(b)参照)。

以上の集中荷重1つの場合の M 図，Q 図は，もっと複雑な荷重が作用するはりのすべての基本形として使用するので，よく覚えておくこと。

図(c)の M 図の頂点Dの高さは，描く人によって自由である。バランスを考え，スケールを選ぶ。M 図の点Dの横に $M_C(=M_D)$ の値を記入しておけば混乱はない。同様に図(a)のロープの頂点Dの位置も当然ロープの長さによって変わる。ロープの支点Aで，ロープの張力 T を図(e)のように一定鉛直反力 R_A と水平反力 H に分解し，つぎにロープの長さ(すなわち角度)

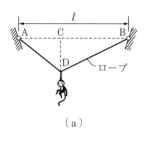

(a)

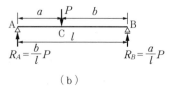

(b)

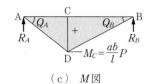

(c) M 図

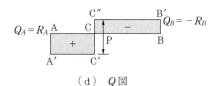

(d) Q 図

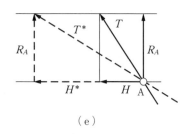

(e)

図4.29 集中荷重を受けるはりの M，Q 図

を変えてみよう。鉛直反力 R_A はロープ傾きに関係なく一定であるから，ロープの傾きを変えるとロープ張力 T および水平反力 H の値が変わる。例えば，ロープを引っ張って短くする(水平線からの角度 α が小さくなる)とロープ張力 T^* や H^* の値は図に示すように大きくなるが，M 図では T や H の値の大きさは問題としていない。

〔3〕 集中荷重が複数あるとき 図4.30(a)のように，集中荷重が複数あるときには，1個1個の集中荷重についての M 図を先に述べたロープ法で別々に描いておき，各荷重点での値を加

---

[1] なぜそうなるかの理論的説明が，第9章♠"アーチ"の9.2節"アーチの形状と基本力学"で説明されている。

え合わせればよい（図(b)）。あるいは，図(c)のように，複数の集中荷重の合力 $P^*(=3P+P)$ を荷重重心点に作用させて一つの集中力 P^* による M, Q 図（図中破線①）を書いておき，荷重点 C, D から垂線を下し，この M, Q 図との交点を C′, D′ とすると，M 図はこれらを結んでできあがる（図中線②）。集中荷重の代わりに体重 $3P$, P の 2 匹のサルをロープにぶら下げれば，その形が M 図としてただちに得られる。

　Q 図も M 図と同様に，荷重一つのものをそれぞれ描き，加え合わせるか，荷重の合力 P^* による Q 図を初めに描き（図(d)破線①），区間 CD で，$Q_A(=R_A)$ を点 C の荷重・$3P$ だけ修正する（C″D″）。あるいは，できた M 図の傾きを区間 CD で求めて描く（$Q_{CD}=(M_D-M_C)/a$）。

[問] **4.12** 図4.15の片持ばりの点 A にのみ荷重 P があるとき M, Q 図をロープ法で描くには，どうしたらよいであろうか？

〔4〕**モーメント荷重が作用するはり**　図4.31(a)のモーメント荷重 M_0 が点 C に作用するはりでは，モーメント荷重 M_0 を，図(b)のように大きさの等しい二つの集中荷重 P が逆向きに（偶力）作用する単純ばり（$M_0=P\varDelta$）におきかえると，ロープの形状は図(c)のようになり，二つ

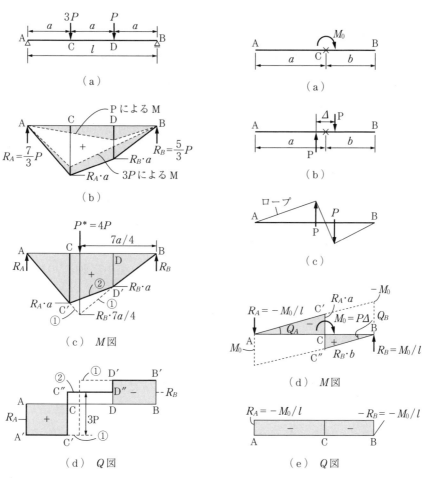

図4.30 複数の集中荷重を受けるはりの M, Q 図

図4.31 モーメント荷重の作用するはりの M, Q 図

の荷重間距離 $\varDelta$ を $\varDelta \to 0$ とすると点 C にモーメント荷重の作用するはりの M 図 (図 (d)) が得られる。

同図の区間 AC の M 図の傾き AC′ がこの区間のせん断力となり，$Q_A = R_A \cdot a/a = R_A = -M_0/l$ と得られる。区間 CB でも同様にして，$Q_B = -M_0/l$ となる。よって，Q 図は図 (e) のように Q_A と Q_B は等しくなる。したがって，M 図の AC′ と C″B の傾きは等しく，平行になる。このような M 図を描くには，初めに点 A で下方に M_0 をとり点 B と結び，つぎに点 B で上方に M_0 をとり点 A と結ぶと平行線ができる。点 C で縦線を引きこの平行線との交点 C′，C″ を求めれば，図 (d) が得られる。

モーメント荷重 M_0 の作用点 C が左端点 A に作用するとき，図 (d) の点 C′ は点 A に一致し，上側の (−) 三角形は消える。点 C″ は点 A の真下にきて，M_0 となり，下側の (+) の三角形のみとなる。逆に M_0 が点 B に作用するときには点 C′ は点 B の真上の $-M_0$ の位置にきて，上側の (−) 三角形のみとなる。図 (e) から，M_0 の作用位置点 C が AB 上のどこにあっても Q 図は変わらないことがわかる。

> **問 4.13** 図 4.18 (a) の材端モーメント M_A が一つ作用するはりの M，Q 図をロープ法で描け。M_B が一つの場合および M_A と M_B が同時に作用する場合はどうか。

4.5.2 分布荷重の作用する単純支持ばりの M 図は洗濯ばあさんでも描く

〔1〕 **等分布荷重満載のはり** 図 4.32 (a) はロープにおばあさんが洗濯物を干している図であるが，このロープのたわみ形状は，図 (b) に示す等分布荷重を受けるはりの M 図に相似[1]である。基本的な考え方は図 4.29 の集中荷重を受けるはりの場合と同じである。M，Q 図を描く手順は以下のようになる。なお，式による M，Q 図の結果は図 4.10 に示されている。

1) **等価集中荷重による M，Q 図を描く**：図 (b) の分布荷重 q を等価な集中荷重 $P^* = ql$ におきかえ，分布の中心点 C に作用させて，M，Q 図を描く (図 (c)，(d) の破線 ①)。これは図 4.29 のサルでも描く M，Q 図と同じで，ただちに描ける。M 図の三角形の頂点を D とおくと $M_D = (ql/2) \times (l/2) = ql^2/4$ となる。

2) **Q 図**：支点反力 R_A，$R_B (= ql/2)$ は分布荷重 q の場合も，集中荷重 P^* の場合も同じであるので，支点 A，B でのせん断力 Q_A，Q_B は両者で等しく，図 4.32 (d) の Q 図の AA′，BB′ となる。等分布荷重区間の Q の値は AB 間で直線となるから (p.62 の特徴 (2))，図 (d) の A′，B′ を結んだ直線が分布荷重 q を受けるはりの Q 図を表す。

3) **M 図の傾き**：M 図の傾きは Q の値であるから，支点 A，B での M 図の傾き (Q 値) は分布荷重 q の場合も，集中荷重 P^* の場合も同じ。すなわち，q による放物線 M 図は点 A，B で P^* による M 図 (破線 ①) に接する。

4) **M 図の頂点の高さ**：放物線 M 図の高さを図 (c) に示すように F とおくとその点の M_F の値は図 4.10 より $M_F = ql^2/8$ となる。P^* による M 図の M_C の値は $R_A(l/2) = ql^2/4$ であるから，

---

[1] ここでは，幾何学的意味の相似ではなく，M 図を鉛直方向に一様に拡大または縮小したという意味で使っている。

図(c)の点Fの高さは三角形の頂点Dの高さの1/2に相当する。

　以上のように，初めに等価集中荷重によるM図（三角形ADB）を描き，三角形の頂点高さの1/2点Fを通り，この三角形に内接する放物線を描けば，ほぼ正確なM図が描ける。図(c)のM図では共通項$ql^2/8$でくくり，結果の整数値を（　）内に示している。

5) **はり長の1/4点のM図高さ**：より正確なM図が欲しいときには，点Aからはり長の1/4の点におけるM値を式(4.4)から求めると，$M(x=l/4)=(ql^2/8)\times(3/4)$となるから，はり長の1/4の点で，頂点高さFの3/4の高さを通る曲線を描けばよい。点Bから左へ1/4の点も同じ。

〔2〕**はりの一部分に分布荷重が作用するはり**　はりの一部分に分布荷重が作用する場合も，前と同様の手順でM, Q図を描くことができる。

例題 4.8　図4.33(b)に示すはりは，区間ACに等分布荷重qが作用している。M, Q図をロープ法により求める。

〔解〕分布荷重の作用区間ACではM図が放物線の一部となるから，等分布荷重満載の場合よりやや複雑となるが，以下の手順1)～3)で作業を進めれば，比較的簡単にかつ正確にM, Q図を描くことができる。

1) 分布荷重を等価な集中荷重$P^*(=qa)$におきかえ，これを分布の重心$(a/2)$に作用させ，図4.29と同様，サルでも描くM, Q図を破線で描く（図(d), (e)の破線①）。M図の頂点をEとする。反力

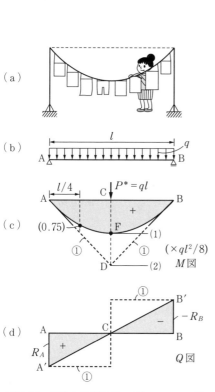

図4.32　等分布荷重満載のはりのM, Q図

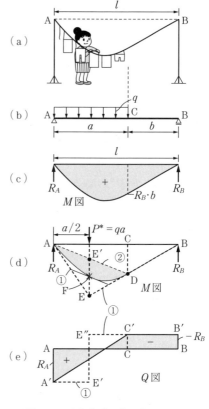

図4.33　分布荷重が作用するはりのM, Q図(1)

R_A, R_B を求めておく ($R_A = P^* b/l = qa(a/2+b)/l$, $R_B = qa \cdot a/2l$)。$M_E = R_A(a/2)$, $M_D = R_B b$ となる。CB 間の M, Q 図は等価集中荷重 P^* ($=qa$) の M, Q 図と同じになるから破線を実線に変える。

2) 区間 AC の M 図の放物線および Q 図は次のように定める。図（b）のはりの分布荷重の両端 A, C から鉛直線を下ろし，M 図の破線①との交点を D とし，AD を結ぶ（図（d）の破線②）。同じく Q 図の破線①との交点を A′, C′ とし，これを実線で結べば Q 図は完成。C′B′を実線に変える。

3) 区間 AC の M 図は，破線①と破線②でできた三角形 AED を基準三角形とする。その底辺 AD の中点 E′から頂点 E の高さ（図中 EE′）の 1/2 点 F を通り，点 A, 点 D でこの三角形に内接する放物線を実線で描く。点 F での放物線の傾きは AD に平行である。これが求める M 図となる。

この方法では，放物線の始点 A と終点 D，および 1/2 点 F の 3 点が与えられ，しかも，これらの点で放物線の傾き（直線 AE と EB および AD）が明確に与えられているため，比較的簡単にきれいで精度の良い M 図が描ける。

問 4.14 図 4.12（a）の M, Q 図をロープ法により描け。分布荷重区間では等価集中荷重による M, Q 図を破線で描くこと。

つぎに，なぜこのような方法で M, Q 図が描けるのかを別の例を用いて調べよう。

〔3〕 部分的に分布荷重が載荷するはり（別の例）[1]　図 4.34（a）に示すはりの M, Q 図は，はじめに先に述べたように分布荷重区間 CD の中心点 G に，等価な集中荷重 $P^* = qb$ を作用させ，M 図を描く（図（b）の線① AEB）。支点反力は $R_A = P^*(b/2+c)/l$, $R_A = P^*(a+b/2)/l$。Q 図も図 4.34（c）の破線①のように描く（$Q_A = R_A$, $Q_B = -R_B$）。

つぎに，図 4.34（a）のはりの分布荷重の両端点 C, D から鉛直線を下ろし，M, Q 図との交点 C′, D′ を求め，これを直線で結ぶ（図（b），（c）の線②）。M 図（b）の C′D′ と GE との交点を E′ とおく。

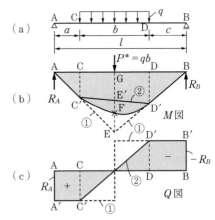

図 4.34　分布荷重が作用するはりの M, Q 図（2）

（1）分布荷重が載荷されていない区間の M, Q 図　図 4.34（a）のはりの区間 AC, BD では，分布荷重 q の場合も，等価集中荷重 P^* の場合も M 式は同じで，支点 A, B からの距離をそれぞれ x とおくと，$M = R_A x$, および $M = R_B x$ となる。Q 式もこれらの区間で q の場合も P^* の場合も等しく，$Q_A = R_A$ および $Q_B = -R_B$ となるから，集中荷重 P^* で描いた図（b），（c）の破線①がこの区間の求める M, Q 図となる。破線①を実線に変える。

（2）分布荷重が載荷された区間 CD の Q 図　この区間の M 式は 2 次式，Q 式は 1 次式であるから（式（4.9），4.4 節（2）参照），Q 図（c）の 2 点 C′D′ を結んだ直線②が，分布荷重が載荷するはりの Q 図となる。ここで重要なことは，Q 図は点 C′，および点 D′ の各点の左右で連続しているから，図（b）の M 図の傾き（$=Q$ 値）は点 C′，点 D′ の左右で同じであることである。よって，区間 CD の M 図放物線は，C′, D′ で**基本三角形 C′ED′ の辺 C′E および ED′ に接する**。

---

[1] この項〔3〕は読み飛ばしてもよい。

(3) **分布荷重が載荷された区間 CD の M 図**　図4.34(b)の M 図と EE' との交点を F とおくと，点 F が基本三角形 C'ED' の高さの1/2となることは以下のように説明できる。まず，元のはりの分布荷重部分を**図4.35**(a)のように，別のはり $\overline{CD}$ を上に乗せたはり，すなわち，間接載荷されたはり[1)]におきかえる。すると，はり AB には，図(b)に示すように，上部の等分布荷重満載のはり $\overline{CD}$ の支点反力 $qb/2$ が点 C, D に作用する。

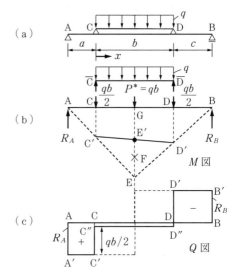

図4.35　分布荷重が間接載荷するはりの M, Q 図

C および $\overline{C}$ から右へ x の位置の曲げモーメントは，上のはり $\overline{CD}$ では

　　① $M_1 = (qb/2)x - qx^2/2$

このはりの M 図は等分布荷重満載の図4.32(c)と同じになる。下の間接載荷されたはり AB では

　　② $M_2 = R_A(a+x) - (qb/2)x$

で，M 図は図4.35(b)のように C'D' を直線で結んだものとなる。これは図4.34(b)で描いた直線 C'D' の M 図とまったく同じものである。一方，図4.34(a)の元のはりの同じ x の位置では

　　③ $M = R_A(a+x) - qx^2/2$

であるから，これら三つの式をよく見ると，元のはりの M 式③は間接載荷されたはりの二つのはりの曲げモーメント M_1 式①と M_2 式②を加えたものに等しい。

つぎに，図4.34(b)の点 E, E' の M の値を調べる。

i) $P^* = qb$ による点 E の M の値は $M_E = R_A(a+b/2)$

ii) 図4.35(b)の二つの支点反力 $qb/2$ により間接載荷されたはり AB の点 E' の M の値は

　　$M_{E'} = R_A(a+b/2) - (qb/2)b/2 = R_A(a+b/2) - qb^2/4$

したがって，図4.35(b)の三角形 C'ED' の頂点の高さ EE' は，上記の $M_E - M_{E'}$ より $qb^2/4$ となる。放物線のふくらみ FE' は等分布満載のはり CD の M の最大値をそのまま用いて $qb^2/8$ となる。よって，放物線の点 F の高さ FE' ($= qb^2/8$) は三角形高さ EE' ($= qb^2/4$) の1/2である。

(4) **M 図の中央点 F の傾き**　M 図の点 F の傾きが C'D' と同じになることは以下のように説明できる。図4.35(b)の二つの $qb/2$ で間接載荷されたはりの Q 図は図(c)のようになる。区間 AC の Q 値は R_A であったが，点 C で集中荷重 $qb/2$ が下向きに作用するから，区間 CD の Q 値 (図(b)の M 図の直線 C'D' の傾き) は，$Q_{CD} = R_A - qb/2$ となる。一方，放物線の M 式は点 C から距離 x の位置では，$M = R_A(a+x) - qx(x/2)$，傾きはこれを微分して $Q = dM/dx = R_A - qx$ となる。よって，中央点 $x = b/2$ では $Q_F = R_A - qb/2$ となる。これは M 式を微分した Q_{CD} に等しい。

---

1) 間接載荷を受けるはりの詳細は本書の5.4節で学ぶ。

すなわち，図（c）の放物線の点Fでの傾きは，直線C′D′の傾きに等しい。[証明終わり]

〔4〕 **両端に曲げと等分布荷重満載が同時に作用するはりのM, Q図** 図4.36（a）の等分布荷重満載のはりの両端に曲げが作用するはりのM, Q図は，初めに両端の曲げ荷重のみによるM, Q図を図（b），（c）の実線①のように線A′B′で描く。つぎに，M図ではA′B′を基線に三角形の点Cの高さを$ql^2/8$の2倍の位置に取って，等価集中荷重$P^*=qb$によるM図（基本三角形A′CB′）を破線②のように描く。基本三角形の高さCC′の1/2点にFをとり，この点を通る内接放物線を描けばよい。点Fでの放物線の傾きはA′B′と平行にする。Q図は図4.36（c）のように線A′B′を基準に図4.32（d）の等分布満載はりのQ図を重ねると同図の線②のように描かれる。

〔5〕 **曲げモーメントの最大値** 分布荷重を受けるはりのM図の最大値を求めるには，従来は〔例題4.7〕で述べたように曲げモーメント式（M式）を求め，最大値が生じる位置xを$dM(x)/dx = Q(x) = 0$より定めて，これをM式に代入する方法が一般的であった。しかし，この方法では計算に手間がかかる。ここでは，これまで述べた手法を利用し，もっと簡単にMの最大値を求める方法を考えよう。

図4.37（a），（b）に示すようなはりのM, Q図は，4.5節で述べたロープ法により簡単に描くことができた。図（b）のQ図より$Q=0$となる点，すなわち，Mの最大値の生じる点は，はり上の点Aより右へ

$$b = \eta l = [Q_1/(Q_1 - Q_2)]l \quad \text{ここに } \eta = Q_1/(Q_1 - Q_2) \quad \cdots (a)$$

の位置にある。この位置での図（a）のM図の台形部分ABA′B′のM値M_3は，$M_3 = M_1 + (M_2 - M_1)\eta$ である。

放物線部分A′FB′のこの位置でのM値M_pは以下のように求められる。放物線部分を改めて図（c）のように，$x = 0$, 1を通り，中央点で$a(= ql^2/8)$となる曲線とすると

$$M = 4a(x/l)(1 - x/l) \quad \cdots (b)$$

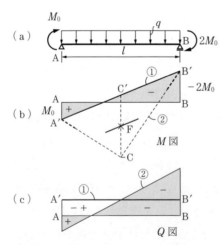

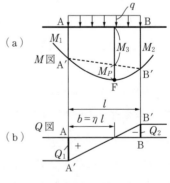

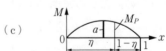

図4.36 材端モーメントと等分布荷重満載のはりのM, Q図

図4.37 曲げモーメントの最大値

よって，x/l の代わりに先に求めた $Q=0$ の位置の $\eta=b/l$ を代入すると

$$M_p = 4a\eta(1-\eta) = (ql^2/2)\eta(1-\eta) = (ql^2/8)4\eta(1-\eta) \quad \cdots(c)$$

すなわち，式（a）で η が求められると，放物線部分の M 値が簡単に求められる。

これは，どのような等分布荷重でも共通の式であるから覚えておいてもよい。もし，$Q=0$ なる点が分布荷重の中央にあるとき，$\eta=1/2$ を上式に代入すると，$M_p=ql^2/8$ となり 4.5.2 項 [3] の結果と一致する。台形 M 図の M_3 と上式（c）の M_p を加えて，M 値の最大値とする。

[6] 等変分布荷重を受けるはりの M，Q 図

[例題 4.7] の図 4.28 に等変分布荷重を受けるはりの M，Q 図が示されている。これもロープ法で描けるだろうか？

図 4.38 の（b），（c）に示すように，前と同様，等価集中荷重 $P^*=q_0l/2$ を等変分布荷重の重心点 G（支点 A から $2l/3$）に作用させて M，Q 図を破線 ① のように描く。M 図の頂点を C とおくと，$M_C=q_0l^2/9$。支点反力は分布荷重も P^* も同じであるから，Q 図の点 A，B で両者は等しく，したがって M 図の点 A，B での傾きも両者で等しく，M 曲線は破線 ① に接する。

図（b）で，分布荷重の重心位置の GC 線と分布荷重 M 図の交点 F の高さは，等分布荷重では三角形高さ GC の $1/2=4.5/9$ であったが，等変分布荷重の場合は，やや大きく三角形高さ GC の $5/9$（$q_0l^2/8 \times 5/9$）となる（[例題 4.7] の M 式で確かめよ）。ただしこれは M の最大値ではなく，最大値 $M_{\max}$ は M_C の $1/\sqrt{3}$（$=q_0l^2/9\sqrt{3}$）で，はり AB の中点と重心点 G のほぼ中間で生じる。Q 図は点 A' で水平，点 B' では直線 B'G を引きこれに接するように描く。

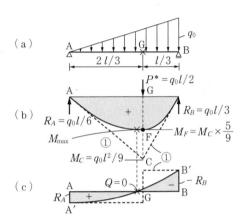

図 4.38 等変分布荷重を受けるはりの M，Q 図

4.5.3 片持ばりの M，Q 図

[1] 集中荷重が作用する片持ばり

単純支持ばりのロープ法では，はりに曲げが作用しないようにはりをロープにおきかえた。図 4.39（a）に示すはりでは，はりに曲げが作用しないように点 B にヒンジを入れる。すると，この棒は点 B を中心に回転し，このままでは荷重 P は落下する。そこで荷重の作用点 C にロープを取り付け，図（b）のように壁に固定する。このロープ形状が片持ばりの M 図（図（c））となる。M

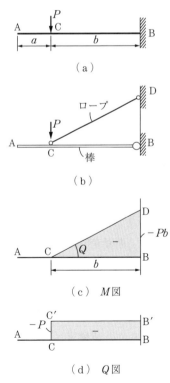

図 4.39 集中荷重を受ける片持ばりの M，Q 図

の座標は下側を正としているので，上側に張ったロープの方向は負となり，M図と一致する。Q図はM図の傾きであるから，$Q=-Pb/b=-P$となって図（d）のように描ける。複数の荷重が作用する場合も，単純ばりで行ったのと同様に，個々の荷重についてのM，Q図を描いて加え合わせるか，それらの合力P^*によるM，Q図を描いて，順に修正する。

〔2〕**分布荷重が作用する片持ばり**　図4.40（a）に示す片持ばりも，分布荷重が作用する単純支持ばりで行った手順がそのまま使える。すなわち

1) 分布荷重qを等価な集中荷重$P^*(=qb)$におきかえ，分布荷重の重心点に作用させて図（b）のようにロープを張り，図（c），（d）の破線①で示すM，Q図を描く。

2) 分布荷重の両端C，Bから鉛直線を下ろし，M，Q線との交点C′，B′（=B）を求めて結ぶ（図（c），（d）の線②）。Q図はでき上がり。

3) M図は線①，②でできた基本三角形C′EBに内接する放物線を実線で描く。放物線の中間点は三角形の高さの1/2である。また，その点で接線の方向はC′B線に平行である。区間ACはM，Q図とも破線①に等しいので実線に変える。図（e）のように，分布荷重を間接載荷してM，Qの線②を描いて，図4.36で示した作図を行ってもよい。

問 4.15　図4.16（a），図4.22（a）のはりのM，Q図をロープ法により描け。分布荷重区間では等価集中荷重によるM，Q図を破線で描くこと。

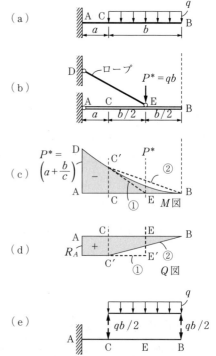

図4.40　等分布荷重を受ける片持ばりのM，Q図

4.6　はりの内部応力

4.6.1　はりの曲げ応力

〔1〕**断面変形の仮定**　荷重を受けてはりが変形するとき，はり上の点の鉛直方向の変位v（図4.41（a））を**たわみ**（**deflection**）といい，変形したはりの軸線を**弾性曲線**（**elastic curve**）または**たわみ曲線**（**deflection curve**）という。たわみvを生じる点のはりの軸線が変形前の軸線とのなす角を**たわみ角**（**angle of deflection**, **slope of deflection**）という。たわみvとたわみ角θとの間には図（b）に示すように，$\tan\theta = dv/dx$

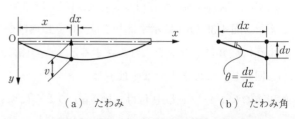

(a) たわみ　　(b) たわみ角

図4.41　変形したはりのたわみとたわみ角

の関係があるが，θ は実際には十分小さい値であるので $\tan\theta = \theta$ とおけて（p.113 Coffee Brake 参照），次の関係式とすることができる．

$$\theta = \frac{dv}{dx} \tag{4.14}$$

はりの変形に伴って，はり断面上の点も変位する．一般の構造力学では "変形前に軸に垂直であったはりの断面は変形後にも平面を保ち，変形後の軸に垂直である" という仮定をおく[1]，これを**平面保持の仮定**あるいは**ベルヌーイ・オイラー（Bernoulli-Euler）の仮定**という．

図 4.42 (a) は変形したはりの微小区間 dx を取り出したもので，両端には正の曲げモーメント M が作用しているとすると，軸線上の 2 点間 ab は円弧となり，その半径を**曲率半径（radius of curvature）** ρ（ロー）と呼ぶ．曲率半径 ρ は**曲率（curvature）** ϕ の逆数に等しい．すなわち $\rho = 1/\phi$ である．ベルヌーイ・オイラーの仮定によって変形後の左右両断面は平面を保ったまま傾き，軸線と直交している．図の例では，はりの上側では圧縮応力による縮みが，下側では引張応力による伸びが生じ，はり中央部には伸縮しない部分がある．この引張りと圧縮の境界面 n-n を**中立面（neutral plane）**といい，この面と部材断面との交線を**中立軸（neutral axis）**という（図 4.43 参照）．

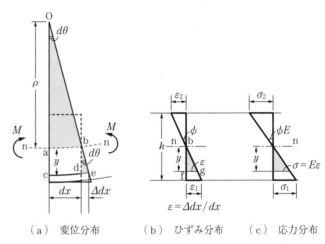

(a) 変位分布　　(b) ひずみ分布　　(c) 応力分布

図 4.42 曲げによる変位分布・ひずみ分布・応力分布

[2] **曲げ応力**　さて，はりの曲げの度合いが強くなると軸方向の応力も大きくなり，図 4.42 (a) に示す曲率半径 ρ は小さくなる．はり断面上の応力の大きさを知るために，初めに応力と曲率半径との関係を調べてみよう．いま，図 (a) で，中立軸から y だけ離れた距離にある部分 cd がはりの変形後に dx から $dx + \Delta dx$ に伸びたとする．同図で，もとの長さ $\overline{\text{cd}} = dx$，伸び量 $\overline{\text{de}} = \Delta dx$ とすると，その位置でのひずみは式 (2.16) より

$$\varepsilon_x = \frac{\overline{\text{de}}}{\overline{\text{cd}}} = \frac{\Delta dx}{dx} \quad \cdots \text{(a)}$$

△Oab と △bde は相似であるから

$$\frac{\rho}{dx} = \frac{y}{\Delta dx} \quad \therefore \quad \frac{\Delta dx}{dx} = \frac{y}{\rho} \quad \cdots \text{(b)}$$

---

1) このような変形を仮定するとき，図 2.23 の微小直方体のどの頂点も変形後になお直角を保つ．したがって，図 2.32 に示すようなせん断変形は考えず $\gamma_{xy} = \gamma_{yx} = 0$ と仮定している．しかし，せん断応力 $\tau_{xy} = \tau_{yx}$ は存在する．以上の仮定は，普通の細長いはりでは工学上十分正確である．せん断変形まで考慮したはりをティモシェンコばりという．

式（a），（b）より

$$\varepsilon_x = \frac{y}{\rho} = \phi y \quad \cdots (c)$$

よって

$$\sigma_x = E\varepsilon_x = E\frac{y}{\rho} = E\phi y \quad (4.15)$$

上式より，断面内に生じたひずみや応力は，中立軸からの距離 y に比例して変化する．すなわち，図（b），（c）に示すように中立軸で0となる直線分布を示す．また，同図および式（4.15）より，ひずみ分布のなす角 ε/y は曲率 ϕ を表す．式（4.15）の応力 σ_x を**曲げ応力**（または**曲げ応力度**）という．

[問] **4.16** はりの曲げ実験を行って，はりの上下端部のひずみ ε_1，ε_2 が測定できた（図4.42（b））．この位置でのはりの曲率 ϕ を ε_1，ε_2 で表せ．ただし，はりの高さは h とする．

〔3〕**曲げモーメントと曲率の関係**　はりの軸線の変形後の曲率 ϕ は，次式で表される．

$$\phi = \frac{1}{\rho} = \frac{\dfrac{d^2v}{dx^2}}{\left\{1 + \left(\dfrac{dv}{dx}\right)^2\right\}^{3/2}} \quad (4.16)$$

ここでは，微小変形を仮定しているので，たわみ角 dv/dx は小さく，よって $(dv/dx)^2$ は1に比べて無視できる．したがって，式（4.16）は，次のようにおくことができる．

$$\phi = \frac{1}{\rho} = \frac{d^2v}{dx^2} \quad (4.17)$$

つぎに，断面上の応力と曲げモーメントの関係を調べてみよう．**図4.43**（a）に示すように中立面から y の距離にある微小面積を dA，その点の応力を σ_x とすると，そこでの力は $p = \sigma_x dA$ であるから，この力による中立軸に関するモーメントは

$$dM = py = \sigma_x y\, dA$$

で与えられる．したがって，断面全体のモーメント，すなわち曲げモーメントは，これを全断面積 A について積分して次式のように求められる（図（b））．

$$M = \int_A \sigma_x y\, dA \quad (4.18)$$

上式に式（4.15）を代入すると，E，ϕ は断面上の座標に無関係であるから

$$M = \int_A (E\phi y) y\, dA = E\phi \int_A y^2 dA \quad \cdots (a)$$

ここで

$$I = \int_A y^2 dA \quad (4.19)$$

とおくと式（a）は

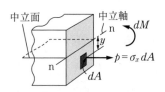

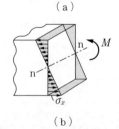

図4.43 応力と曲げモーメントの関係

$$M = EI\phi \quad \text{または} \quad \phi = \frac{M}{EI} \tag{4.20}$$

と表される。I は断面形状に固有に定められる値で，中立軸に関する**断面2次モーメント**（**geometrical moment of inertia** または second moment of the cross sectional area）と定義される。この詳しい内容は 4.7 節で学ぶ（各種断面形の断面2次モーメントについては巻末付表2参照）。

式（4.20）より，はりに作用する曲げモーメント M と曲率 ϕ は比例関係にあり，図 4.45 の直線部分 OY（弾性範囲内）となる。比例定数 EI は**曲げ剛性**（**flexural rigidity**）と呼ばれ，曲げ部材の弾性的強さを表す定数である。すなわち，はりは材料の弾性係数 E が大きいほど，また断面2次モーメント I が大きいほど曲がりにくく，剛性が大となる。式（4.20）が示すように EI は曲げモーメント M と曲率 ϕ との関係を結びつける重要な係数で，曲げを受ける部材の変形量（後で学ぶ）は EI に反比例する。次項に述べるように材料の一部が塑性域に入った場合の曲げ剛性 EI の変化を実験的に，あるいは理論的に調べるときには図 4.45 のような **M-ϕ 関係**を求めればよい。

式（4.17）を式（4.20）に代入し，曲げモーメントと曲率の符号を一致させれば[1]，はりの弾性曲線に関する次の微分方程式が得られる。

$$\frac{d^2v}{dx^2}(=\phi) = -\frac{M}{EI} \tag{4.21}$$

〔4〕**曲げ応力と曲げモーメントの関係**　式（4.20）より $\phi = M/EI$ であるから，これを式（4.15）に代入すれば曲げ応力 σ_x が求められる。すなわち

$$\sigma_x = \frac{M}{I} y \tag{4.22}$$

式（4.22）は，はりの曲げモーメント M からはり内部の曲げ応力を決定する最重要公式である。この式より，はり断面上の曲げ応力 σ_x は，曲げモーメント M および中立軸からの距離 y に比例し（図 4.42（c）参照），断面2次モーメント I に反比例する。断面高さが h のはりでは，最大引張応力 σ_t，最大圧縮応力 σ_c は，はりの上下縁で生じる。これを**最外縁応力**といい，中立軸からの距離をそれぞれ h_1, h_2 とおくと

$$\sigma_t = \frac{M}{I} h_1 = \frac{M}{W_1}, \quad \sigma_c = \frac{-M}{I} h_2 = -\frac{M}{W_2} \tag{4.23}$$

ここに $W_1 = I/h_1$, $W_2 = I/h_2$ を**断面係数**（**section modulus**）という。ここで考えている曲げ部材には軸方向力はないから，式（4.22）による曲げ応力を断面全体に加え合わせた合応力は 0 である。すなわち

---

[1]　曲げモーメントの正の方向は**図4.44**に示すように，はりの軸線が下に凸となるよう定めた。たわみの方向 v を下向き正にとると下に凸の曲線は $d^2v/dx^2 < 0$ である。あるいは，はり上のある点 a のたわみ角を θ_a（右まわり正）とすると，下に凸の曲線上を点 a から x の正の方向へ微小距離 dx 進んだ点 b でのたわみ角 θ_b は，$\theta_a + d\theta$ と減少する（$d\theta < 0$）。はりの曲率は，はり上の ab 間の距離を ds とすると

$$\phi = \frac{\theta_b - \theta_a}{ds} = \frac{d\theta}{ds} \left(\fallingdotseq \frac{d^2v}{dx^2}\right) < 0$$

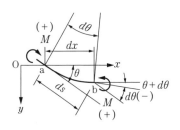

図 4.44　たわみ角と曲率

$$N = \int_A \sigma_x dA = \int_A \frac{M}{I} y dA = 0 \qquad \cdots (\text{a})$$

式（a）中，M, I は断面全体に対する結果であり，断面内の位置には無関係であるから積分記号の外に出し，また，これらは0でない値であることより

$$\frac{M}{I} \int_A y dA = 0 \qquad \therefore \int_A y dA = 0 \tag{4.24}$$

ここに，$\int_A y dA$ は断面の中立軸に関する**断面1次モーメント**（**geometrical moment of area**，または first moment of the area of the cross section）と呼ばれる幾何学量である。**軸力のない曲げ部材では中立軸に関する断面1次モーメントはつねに0であり，断面重心（図心）と中立軸は一致する**。また，この条件から部材断面の中立軸の位置が計算できる。この計算や断面諸量については後の節で再び学ぶ。

4.6.2 弾塑性曲げ挙動

はり断面での曲げモーメントが大きくなると，鋼はりでは，式 (4.22) の最外縁応力は，やがて材料の降伏応力 σ_Y に達する（2.6.5項参照）。このときの曲げモーメントを**降伏モーメント**（**yield moment**）といい，はりの破壊の一つの基準となる。これを M_Y で表すと，式 (4.23) より $M_Y = \sigma_Y W_1$（あるいは $M_Y = \sigma_Y W_2$）。M_Y に至るまでの曲げモーメント-曲率（M-ϕ）関係は**図 4.45** の直線 OY（弾性域）となり，その傾きは曲げ剛性 EI を表す。

曲げモーメントをさらに増大させると M と ϕ の関係は非線形となり，図中の点Yから M_P に近づく曲線を描く（弾塑性域）。このとき，はり内部のひずみ分布は平面保持の仮定により，直線分布を保つが，材料の応力-ひずみ関係が図 2.35 に示したような理想弾塑性体であるとすると，はり内部の応力分布は図 4.45 の

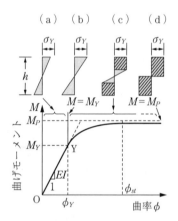

図 4.45 曲げモーメント-曲率（M-ϕ）関係（弾性-弾塑性）

M-ϕ 曲線の上部に示した（c）の弾塑性状態となる。しかし，応力は σ_Y より大きくなることはできず，塑性域がはり上下端部からしだいに内部に進行する。塑性域が中立軸まで達すると，この断面では曲げモーメントをこれ以上増加させることはできず，曲率 ϕ のみが増大する（図（d））。この状態の曲げモーメント M_P を**全塑性モーメント**（**full plastic moment**）といい

$$M_P = \sigma_Y Z_P \tag{4.25}$$

で表される。式 (4.25) の Z_P を**塑性断面係数**（**plastic modulus of section**）といい，M_P と M_Y の比

$$\frac{M_P}{M_Y} = \frac{Z_P}{W} = f(> 1) \tag{4.26}$$

は断面形状によって定まるので**形状係数**[1]（**shape factor**）f（無次元量）と呼ばれる。図（d）の

---

1) f の値は長方形断面で1.5，一般的なI形断面では1.1～1.15程度である。

応力分布状態は，厳密には $\phi=\infty$ で生じるが，$M_P=$ 一定のままで曲げモーメントが増加せず，ϕ のみ増大する．はりに非常に大きな荷重を作用させると，曲げモーメントの最大点でこのような部分を生じる．この局所的な部分を**塑性ヒンジ**（**plastic hinge**）という．連続ばりやラーメンの弾塑性挙動を考慮した近似解析や塑性設計法，安全性の検討に塑性ヒンジの概念が用いられることがある．

実際の鋼はりでは図 2.33 の σ-ε 関係に示したようにひずみ硬化が生じ，はりの最外縁ひずみが硬化開始ひずみ ε_{st} に達したときの曲率 ϕ_{st} で M は再び上昇し，M_P より大きくなる．図 3.5 に示す I 形断面はりのウェブ（腹板）がない断面の M-ϕ 図は材料の σ-ε 図と同じ形となる．興味深いのは一般的な鉄筋コンクリートはりでも，鋼について図 4.45 に示したのとよく似た M-ϕ 関係が見られることである[1]．十分大きな曲率になるまで曲げ抵抗が保たれることは，構造物の安全性を確保するうえできわめて重要な条件である．

4.6.3 はりのせん断応力分布

はりの断面に曲げモーメント M が生じると，それに伴ってせん断力 $Q=dM/dx$ がその断面に生じる．曲げ応力 σ_x が断面に分布するように，Q によるせん断応力 τ も断面上の高さ方向に変化して分布していると考えられるので以下でそれを調べてみよう．

図 4.46 は，はりを軸方向に平行に切断した例で，われわれも経験的に知っているように，層間に摩擦がないとすると，上からの荷重によって層の間の水平面にずれが生じる．これは明らかにせん断作用であり，もし，これらの層が結合されていれば層間にせん断応力が生じる．

いま，**図 4.47**（a）に示すように，中立軸から下方に y の位置の断面上のせん断応力を τ_{xy} とすると，これに直交する水平面上にも，同じ大きさのせん断力 τ_{yx} が生じてつりあっている（式 (2.15a〜c)）．したがって，水平面上の τ_{yx} を求めることによって断面上のせん断力 τ_{xy} を求めることができる．

図 4.47（b）は図（a）の微小幅 dx を切り出して拡大したもので，τ_{yx} を τ とおき，中立軸から y の位置でのはりの幅を b とすれば水平面 AB の面積は bdx，よって，この面での作用力は τbdx となる．ここで水平面 AB より下の部分の物体に対して水平方向の力のつりあいを考える．この物体

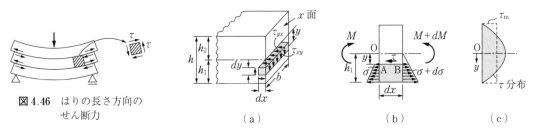

図 4.46 はりの長さ方向の
　　　　　せん断力

　　　　　　　　　　（a）　　　　　　　　　（b）　　　　　　（c）

図 4.47 せん断応力のつりあいとせん断応力分布

---

1) 鉄筋コンクリートはりの設計では，圧縮をコンクリートで，引張りを鉄筋で受け持たせる．その際，コンクリートの圧縮強度に比べて，引張鉄筋量を少なくし，鉄筋を少し早めに降伏させる（under reinforcement）．これにより曲げによる圧縮コンクリートが圧潰する前に引張鉄筋が伸びるため，突発的な破壊が防げる．そのため，鋼はりとほとんど同じ M-ϕ 曲線となる．

の左右の断面上の微小面積を dA とし，中立軸 O から最外縁までの距離を h_1 とおくと，左側面上の垂直応力 σ による力は $\int_y^{h_1} \sigma dA$，右側面の作用力は $\int_y^{h_1}(\sigma+d\sigma)dA$ であるから，水平方向の力のつりあいより

$$\sum \vec{H} = -\tau b dx - \int_y^{h_1}\sigma dA + \int_y^{h_1}(\sigma+d\sigma)dA = 0 \quad \therefore \quad \tau = \frac{1}{bdx}\int_y^{h_1}d\sigma dA \qquad (4.27)$$

上式の τ を断面力 Q で表すために，式 (4.22) より $d\sigma=(y/I)dM$ とおき，さらに，式 (4.9) より $dM=Qdx$ を代入すると $d\sigma=(Qy/I)dx$ と変形される。これを上式 (4.27) に代入すると

$$\tau = \frac{Q}{bI}\int_y^{h_1} y dA = \frac{QG_h}{bI} \qquad (4.28)$$

ここに，$G_h=\int_y^{h_1} y dA$ は断面上の y より外側の部分（図 4.47 (b) のアミかけの部分）の中立軸に関する断面 1 次モーメントである。例えば，高さ h，幅 b の長方形断面では $dA=bdy$ とおいて

$$G_h = \int_y^{h/2} y b dy = \frac{b}{2}\left(\frac{h^2}{4}-y^2\right) = \frac{b}{2}\left(\frac{h}{2}-y\right)\left(\frac{h}{2}+y\right) \qquad \cdots (\mathrm{a})$$

となり[1]，これを式 (4.28) に代入すれば

$$\tau = \frac{Q}{2I}\left(\frac{h^2}{4}-y^2\right) \qquad \cdots (\mathrm{b})$$

このせん断応力分布は図 4.47 (c) に示すような放物線分布となる。図中の破線は平均せん断応力 $\tau_m (=Q/(bh))$ で，設計では通常この値を使う。矩形断面以外では放物線形とはならない。

はりの断面上の曲げ応力とせん断応力の割合は，一般には，はりの長さ方向に沿って変化し，等分布荷重を受けるはりでは，中央部では曲げ応力のみが，また，支点付近では，おもにせん断応力が存在する。はりの大部分は曲げ応力により破壊するため，設計では曲げ応力のチェックが重要視されるが，はりの支点近くでは材料のせん断破壊が生じやすくなる（2.6 節参照）。せん断に対する強度が十分でないとコンクリートはりでは斜め方向にせん断亀裂（せん断力による引張破壊）が生じたり，鋼プレートガーダーでは支点近くのウェブプレートが斜め方向の力で座屈（せん断座屈）することがある。

例題 4.9 図 4.49 (a) に示す上下対称断面の鋼 I 形はりのせん断応力分布を求める。ただし，断面にせん断力 $Q=2\,500$ kN が作用している。断面 2 次モーメントは $I=1.081\times 10^6$ cm^4 とする。

〔解〕（1）中立軸 n-n から下方に y をとるとフランジ内側（$y=70$ cm）での G_h の値は式 (a) に $b=40$ cm，$h/2=72$ cm，$y=70$ cm を代入して，あるいは，脚注 1) の式 (c) より $G_h=5\,680$ cm^3 となる。よって，その位置でのせん断応力は式 (4.28) より

---

1) 図 4.48 に示す長方形断面の G_h の値は式 (a) にて $(h/2-y)=t$，$(h/2+y)/2=g$ とおくと，図形の 1 次モーメントであるから
$$G_h = btg = Ag \qquad \cdots (\mathrm{c})$$
と簡単に求められる。ここに，$t=$ 厚さ，$A=bt$ 断面積，$g=$ 中立軸 n-n と断面重心までの距離である。

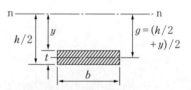

図 4.48　断面 1 次モーメント

$$\tau_1 = \frac{2\,500\,000 \times 5\,680}{40 \times 1.081 \times 10^6} \fallingdotseq 328.4\,\mathrm{N/cm^2}$$
$$= 3.284\,\mathrm{N/mm^2}(\fallingdotseq 3.3\,\mathrm{N/mm^2}) \qquad \cdots (\mathrm{a})$$

（2） ウェブ下端では $b=1.2\,\mathrm{cm}$（ウェブ板厚），$G_h=5\,680\,\mathrm{cm^3}$ を式 (4.28) に用いる。すなわち，フランジ内側とは b の値が異なるだけで，式（a）の結果を利用して

$$\tau_2 \fallingdotseq 3.284 \times \frac{40}{1.2} \fallingdotseq 109.5\,\mathrm{N/mm^2} \qquad \cdots (\mathrm{b})$$

（3） はり中央では $G_h = 5\,680 + 1.2 \times 70 \times 35 = 8\,620\,\mathrm{cm^3}$ であるから

$$\tau_{\max} = \frac{Q}{1.2\,I} \times 8\,620 \fallingdotseq 166.1\,\mathrm{N/mm^2} \qquad \cdots (\mathrm{c})$$

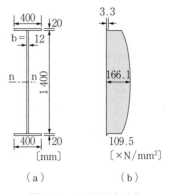

図 4.49　せん断応力分布

（4） 以上より図 4.49（a）のI形はりのせん断応力分布は図（b）のように描かれる。同図からもわかるように，フランジのせん断応力はきわめて小さく，せん断力の分担率はこの例では 0.5% 程度である。よって，I形断面ばりでは一般にせん断力はウェブのみで抵抗するものとして設計計算を行う。また，ウェブ中央の τ の値は端部の約 1.5 倍であるが，設計では通常ウェブ断面内の平均応力（この例では $\tau_{\mathrm{ave}}=Q/A_w=148.8\,\mathrm{N/mm^2}$）を用いる。

問 4.17　図 4.49（a）の断面をもつ部材に曲げモーメント M が作用するものとして曲げ応力を求め，フランジとウェブの曲げ抵抗力の分担割合を求めよ〔ヒント：フランジ上の応力を σ_f とするとフランジによる曲げ抵抗力は $M_f = \sigma_f A_f \times h/2 \times 2$, $A_f =$ 一方のフランジ断面積〕。

4.7　断面図形の性質

　部材断面を力学的に特徴づける主要なパラメータは，寸法，断面積 A のほか，中立軸の位置，断面2次モーメント I である[1]。荷重を受けるはりの設計では，発生する最大応力を知る必要があり，応力の計算には断面2次モーメント I と中立軸からの距離 y が必要で（式 (4.22)），これらは断面1次モーメントから計算する。また，はり断面内のせん断応力 τ は式 (4.28) により，断面2次モーメント I と断面1次モーメント G_h に関係して定められる。このように，はりでは断面の幾何学的モーメントが重要な役割を果たしているので，以下でこれらを整理しておこう。

　〔1〕**断面1次モーメント**　　断面1次モーメントは，それ自体で問題となることは少ないが断面2次モーメント I の計算に必要となる。初めに断面1次モーメントと"力のモーメント"の関係を簡単な例を用いて調べよう。**図 4.50** は，ある部材断面をモデル化したもので，大きさの異なる二つの円盤 A_1 と A_2（面積も A_1, A_2 とする）が棒で繋がれ，途中の点 G で支えられているとする。これらの円盤の中心から点 G までの距離を y_1, y_2 とおく。いま，この図形に一様な応力 σ

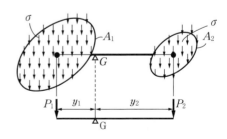

図 4.50　断面1次モーメント

---
1) その他の断面定数は，これらから導かれるもので，断面係数 $W_1 = I/y_1$, $W_2 = I/y_2$, 断面2次半径 $r = \sqrt{I/A}$ などである。

が作用すると，図形 A_1, A_2 の中心にはそれぞれ合力 $P_1=\sigma A_1$, $P_2=\sigma A_2$ が作用する。P_1, P_2 がつりあっていなければ，この図形は点 G を中心に回転するが，もし，つりあっていれば，式 (2.7 a, b) で示したモーメントのつりあい条件式 $\sum M=0$ が成り立つ。すなわち

$$\sum M = P_1 y_1 + P_2 y_2 = 0 \quad \text{あるいは} \quad \sigma A_1 y_1 + \sigma A_2 y_2 = 0 \quad \cdots (\text{a})$$

$$\therefore \quad A_1 y_1 + A_2 y_2 = 0 \quad \cdots (\text{b})$$

式 (a) は点 G に関する力のモーメントを表し，式 (b) は断面図形のモーメントである。これを断面1次モーメントと呼ぶ。すなわち，図形に一様な圧力が作用するときには，力のモーメントと同じ扱いができる。つりあっているときの支点 G を**図形の重心**という。

より一般的な説明は以下のようになる。ある部材断面が**図 4.51**（a）のように与えられているとき，その中の微小面積 dA のある軸 x に関する"断面1次モーメント"とは断面積（dA）と軸までの距離（y）との距離との積，$y \cdot dA$ で定義される。断面全体については，この総和をとり

$$G_x = \int_A y dA \quad (4.29)$$

これを断面の x 軸に関する**断面1次モーメント**という。y 軸に関する断面1次モーメントは同様に $G_y = \int_A x dA$ である。

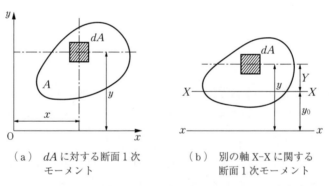

（a） dA に対する断面1次モーメント　　　（b）別の軸 X-X に関する断面1次モーメント

図 4.51　断面1次モーメント

〔2〕**もとの軸 x に平行な別の軸 X に関する断面1次モーメント**　　いま，図 4.51（b）に示すように x 軸を y_0 だけ平行移動した位置に X 軸があるとき，X 軸に関するこの図形の断面1次モーメント G_X を求めよう。図の微小断面積 dA の X 軸からの距離 Y は，図より $Y = y - y_0$ であるから

$$G_X = \int_A Y dA = \int_A (y-y_0) dA = \int_A y dA - y_0 \int_A dA = G_x - y_0 A \quad (4.30)$$

よって，もし x 軸に関する G_x が求められていれば，x 軸に平行なほかの軸 X に関する断面1次モーメント G_X は二つの軸 x と X の距離 y_0 と図形面積 A との積によって，上式のようにもとの G_x を補正するだけで求められる。これは次に述べる断面重心を求めるときに利用できる。

〔3〕**重心（図心）**　　初めの例の図 4.50 に示したように，ある図形に一様な応力が作用したとき，図形のある1点でこれを支えたとき，回転せず力の平衡を保っているならば，この支点を重心という。このとき，式 (4.29) の G_x は 0 となる。すなわち，"**重心軸に関する断面1次モーメント**

は 0" である．図 4.52 で，X 軸がちょうど重心 G 上を通るとすると，その断面 1 次モーメント G_X は 0 であるから，式 (4.30) より

$$G_X = G_x - y_0 A = 0 \tag{4.31}$$

$$\therefore \quad G_x = y_0 A \tag{4.32}$$

式 (4.32) は "ある軸 x に関する図形の断面 1 次モーメント G_x は，その軸から図形の重心までの距離 y_0 と，図形面積 A との積で与えられる" ことを示している．この式を変形すると次式のようになる．

$$y_0 = \frac{G_x}{A} \tag{4.33}$$

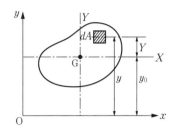

図 4.52 重心軸に関するモーメント

すなわち，x 軸に関する断面 1 次モーメント G_x がわかっているとき，これを断面積 A で除すと，x 軸からの**重心位置** y_0 が求められる．G_x は計算のしやすい適当な位置に x 軸をおいて計算すればよい．

以上は，x 軸およびそれに平行な軸に関する断面 1 次モーメントを考えたが，一般には x 軸に平行でない別の軸（x 軸に直交する y 軸を考えればよい）に関しても同様に G が 0 となるとき，これら 2 直線の交点をこの図形の**重心**（center of gravity），または**図心**（centroid）という．

〔4〕**複数の断面からなる図形の断面 1 次モーメント**　構造部材の断面は多くの場合，複数の長方形断面からなる場合が多い．いくつかの面積（A_1, A_2, …）からなる図形の断面 1 次モーメントは，式 (4.32) より，各面積とそれぞれの重心距離（y_{01}, y_{02}, …）との積の和でつぎのように求められる．これは式 (4.29) の積分記号を総和記号に変えただけである．

$$G_x = A_1 y_{01} + A_2 y_{02} + \cdots = \sum_i A_i y_{0i} \tag{4.34}$$

よって，全体図形の重心は，全断面積を A とおくと式 (4.33)，(4.34) から

$$y_0 = \frac{G_x}{A} = \frac{\sum_i A_i y_{0i}}{\sum_i A_i} = \frac{(A_1 y_{01} + A_2 y_{02} + \cdots)}{(A_1 + A_2 + \cdots)} \tag{4.35}$$

はり断面の重心を通り，曲げ軸に平行な軸は式 (4.24) のところで述べたように，中立軸に一致する．

例題 4.10　(1) 図 4.53 (a) に示す長方形断面の x 軸に関する断面 1 次モーメントを求める．(2) 図 (b) のはり断面の x 軸に関する断面 1 次モーメントおよび重心位置を求める．

〔解〕(1) 式 (4.29) より，$dA = b dy$ であるから

$$G_x = \int_0^h y b dy = b\left[\frac{y^2}{2}\right]_0^h = bh^2/2$$

式 (4.32) を用いれば，もっと簡単である．重心位置は $h/2$ のところにあるから $y_0 = h/2$，$A = bh$ である．よって

$$G_x = y_0 A = bh^2/2$$

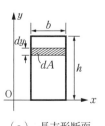
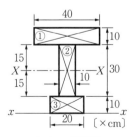

(a) 長方形断面　　(b) I 形断面

図 4.53 断面 1 次モーメントの計算

（2）I 形断面　　長方形部分 $i=$ ①，②，③ の断面積 A_i と断面下端に設けた x 軸からの各断面の重心位置 y_{0i} を個々に求めてかけ合わせ，総和をとると式 (4.34) より

$$G_x = 400 \times 45 + 300 \times 25 + 200 \times 5 = 26\,500\,\text{cm}^3, \quad A = 400 + 300 + 200 = 900\,\text{cm}^2$$

$$\therefore\ y_0 = \frac{G_x}{A} = \frac{26\,500}{900} = 29.444\,\text{cm}$$

重心だけを求めればよいのであれば，断面の中央の長方形②の重心位置に X-X 軸をとって G_X を求めれば計算が少し簡単になる。

$$G_X = 400 \times 20 + 200 \times (-20) = 4\,000\,\text{cm}^3 \quad (\because\text{断面②の断面 1 次モーメントは 0})$$

$$\therefore\ y_0 = \frac{G_X}{A} = \frac{4\,000}{900} = 4.444\,\text{cm}$$

よって，重心位置は X-X 軸から上方に 4.44 cm のところにある。上の計算で，断面③の重心位置は X 軸より下方にあるから，(−) となることに注意する。複数の小断面ブロックからなる断面定数の計算は，表 4.1 (p.93) のようにすると計算ミスが減る。

数値計算では有効数字 4 桁までとって行い，最終結果を四捨五入して有効数字 3 桁までとれば十分である。

[問] 4.18　図 4.54 (a), (b) の図形の断面 1 次モーメントおよび重心位置を求めよ。ただし，図 (a) は y 軸，図 (b) は x 軸に関する値とする。

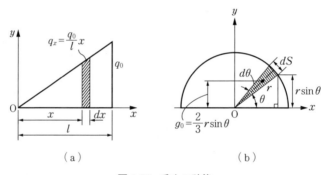

図 4.54　重心の計算

柱のような軸圧縮を受ける真直ぐな部材では，荷重 P が柱端部の断面重心に作用すると断面内に一様な応力が生じて，曲がらず，強度は大きくなるが，重心以外の点に作用した場合，曲げも同時に作用して耐荷能力が低下する。よって，はり以外でも断面重心点の位置を知ることは重要である。

〔5〕**断面 2 次モーメント**　　断面 1 次モーメントと同様，応力と結びつけて考えると理解しやすい。前と同様，ある部材断面が図 4.55 に示すように二つの長方形断面（断面積 $A_1 = b_1 d$ と $A_2 = b_2 d$）からなり，棒でつながれ，途中の点 G で支えられているとする。A_1, A_2 の中心から点 G までの距離をそれぞれ y_1, y_2 とおく。1 次モーメントのときには一様応力を考えたが，今度は図 (b) に示すように，G からの距離に比例して分布する応力 σ ($=\alpha y$) を考える。これは，はりの曲げ応力を模擬しており，G は中立軸

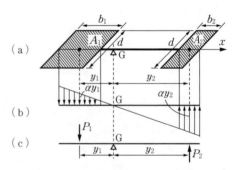

図 4.55　断面 2 次モーメント

である。y_1, y_2 位置での応力はそれぞれ αy_1, αy_2 となる。このとき，図形 A_1, A_2 に作用する合力を P_1, P_2 とすると[1]

$$P_1 = \alpha y_1 b_1 \cdot d = \alpha y_1 A_1, \quad P_2 = \alpha y_2 b_2 \cdot d = \alpha y_2 A_2 \qquad \cdots (\text{a})$$

この断面に軸方向力がないとき

$$\sum P = P_1 + P_2 = 0 \quad \text{あるいは} \quad \alpha y_1 A_1 + \alpha y_2 A_2 = \alpha(y_1 A_1 + y_2 A_2) = 0 \qquad \cdots (\text{b})$$

$$\therefore \quad y_1 A_1 + y_2 A_2 = 0 \qquad \cdots (\text{c})$$

上式（c）は，断面1次モーメントのところで述べた，式（b）（p.88）と同じである。すなわち，上式の y_1, y_2 が重心 G からの距離を表していること，あるいは図4.55の点 G が重心であることを意味している。実際，曲げを受けるはり断面では引張応力の合力 P_1 と圧縮応力の合力 P_2 とは向きが逆で，大きさが等しく，軸方向力はないので，中立軸は重心 G を通る。

さて，図4.55の P_1 と P_2 による点 G のまわりのモーメント M を考えてみよう。式（a）より

$$M = P_1 y_1 + P_2 y_2 = (\alpha y_1 A_1) y_1 + (\alpha y_2 A_2) y_2 = \alpha(A_1 y_1^2 + A_2 y_2^2) \qquad \cdots (\text{d})$$

上式の $A_i y_i^2$ は断面積 A_i ($i=1, 2$) と G からの距離 y_i の二乗（2次）との積で，これを G に関する**断面2次モーメント**という。断面全体では $\sum A_i y_i^2$ となり，これを I とおくと式（d）は $M = \alpha I$ となる。これを式（4.20）の $M = EI\phi$ と照らし合わせると，比例定数の意味は $\alpha = E\phi$ となる。

断面2次モーメントのより数学的な説明は以下のとおりである。

図4.51（a）において，dA から x 軸までの距離を y とおくと，$y^2 dA$ を微小面積 dA の x 軸に関する断面2次モーメントという。断面全体についての総和を I_x とおくと

$$I_x = \int_A y^2 dA \qquad (4.36)$$

この I_x を断面 A の x 軸に関する**断面2次モーメント**あるいは**慣性モーメント**（**moment of inertia**）という。

図4.52に示すように，$y = Y + y_0$ ($y_0 =$ 一定) であるから x 軸に関する断面2次モーメント I_x は

$$I_x = \int_A y^2 dA = \int_A (Y+y_0)^2 dA = \int_A Y^2 dA + 2y_0 \int_A Y dA + y_0^2 \int_A dA \qquad (4.37)$$

式（4.37）の第1項は X 軸に関する断面2次モーメント I_X，第2項の $\int_A Y dA$ は重心に関する断面1次モーメントであるから 0 である。図4.52に示すように X 軸が重心 G を通るとき，I_X を I_G とおくと

$$I_x = I_G + y_0^2 A \qquad (4.38)$$

あるいは

$$I_G = I_x - y_0^2 A \qquad (4.39)$$

式（4.38）より，ある図形の軸 x に関する断面2次モーメントは，その軸に平行で重心を通る軸に関する断面2次モーメント I_G と（図形面積）×（重心距離）^{2} との和で求められる。また，式（4.39）

---

[1] y_1, y_2 を y とおき，b_1, b_2 を b とすると，A_1, A_2 の両端位置 ($y-b/2$, $y+b/2$) の応力の大きさは，$\{\alpha(y-b/2), \alpha(y+b/2)\}$ となる。これによる台形分布面積は $b\{\alpha(y-b/2)+\alpha(y+b/2)\}/2 = b\alpha y$ である。

で，$y_0^2 A$ はつねに正の値となるから，y_0 が 0 となるとき，すなわち，重心軸に関する断面 2 次モーメント I_G が最小であり，部材断面の断面 2 次モーメントとは通常，この値をいう。I_G を計算するために，式 (4.39) を利用し，ある計算の簡単となる基準軸 x に関する I_x を求めておき，あとで $y_0^2 A$ を引くという方法がとられる。

例題 4.11 図 4.56（a）〜（c）の長方形断面の x 軸に関する断面 2 次モーメントを求める。

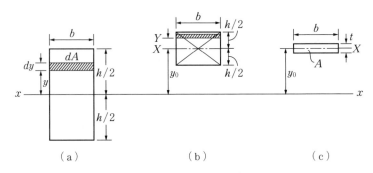

図 4.56 長方形断面図形の断面 2 次モーメント

〔解〕（a） $dA = b\, dy$ であるから，式 (4.36) より

$$I_x = \int_A y^2 dA = b \int_{-h/2}^{h/2} y^2 dy = 2b \left[\frac{y^3}{3} \right]_0^{h/2} = \boxed{\frac{bh^3}{12}} \tag{4.40}$$

（b） 上式から，図 (b) の図形の重心を通る X 軸に関する長方形断面の断面 2 次モーメント I_X は $bh^3/12$ である。よって，式 (4.38) より

$$I_x = \frac{bh^3}{12} + y_0^2 bh$$

（c） 軸に平行におかれた厚さ t （$y_0/t = 5 \sim 10$ 以上）の薄い板の断面 2 次モーメントは式 (4.38) より

$$I_x = \frac{bt^3}{12} + y_0^2 bt = bt\, y_0^2 \left(\frac{t^2}{12 y_0^2} + 1 \right)$$

ここで，$t^2/(12 y_0^2) = 0.0033$（$y_0/t = 5$ のとき）または 0.00083（$y_0/t = 10$ のとき）である。よって，t が y_0 に比べ小さいとき，$t^2/(12 y_0^2)$ は 1 に比べて十分小さく無視できるから

$$I_x \fallingdotseq bt y_0^2 = \boxed{A y_0^2} \tag{4.41}$$

鋼構造部材などでは，一般に薄板で断面が構成されるから，図 4.56（c）のような断面要素に対しては式 (4.41) を用いて断面 2 次モーメントが計算できる。

中空断面の断面 1 次および 2 次モーメントは外側形状に関する I の計算値から同じ軸に関する内側形状の I の値を差し引けばよい。

例題 4.12 図 4.57（a）の H 形断面は高さ，幅とも同じ寸法 h で $t/h = 0.1$ とする。対称軸 x，y に関する断面 2 次モーメント I_x，I_y を求めてその大きさを比較する。$(h-t) = h(1 - t/h)$ とおく。

〔解〕 $I_x = 2ht \left(\frac{h}{2} \right)^2 + \frac{t(h-t)^3}{12} \fallingdotseq \frac{th^3}{2} + \frac{th^3(1 - 3t/h)}{12} = 0.56 th^3$

$I_y = 2 \frac{th^3}{12} + \frac{(h-t)t^3}{12} \fallingdotseq \frac{th^3}{6}$ ∴ $\frac{I_x}{I_y} \fallingdotseq 3.4$

よって，x 軸まわりの断面 2 次モーメント I_x のほうが y 軸まわりの I_y より約 3.5 倍も大きい。図 (a) の断

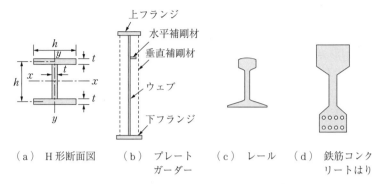

(a) H形断面図　　(b) プレート　　(c) レール　　(d) 鉄筋コンク
　　　　　　　　　　　ガーダー　　　　　　　　　　リートはり

図4.57 各種の曲げ部材断面形

面の x 軸を**強軸**，y 軸を**弱軸**と呼ぶ．x 軸まわりのみに曲げが作用する部材では上下フランジ間をさらに広げれば，断面効率はもっとよくなり，プレートガーダー橋では図 (b) のような断面形となっている．そのほか，使用材料は同じで，断面2次モーメントを増加させた例を図 (c)，(d) に示す．

問 4.19 図4.49 (a) の I 形断面の中立軸に関する断面2次モーメントを求めよ．

例題 4.13 図4.53 (b) の断面の中立軸に関する断面2次モーメントを求める．

〔解〕 中立軸は断面重心軸 G に一致している．重心軸に関する断面2次モーメント I_G は断面の重心位置を求めて直接計算してもよいが，一般に重心位置は複雑な数値となるため，後の計算の手数を考えると，ある簡単な数値をもつ軸 x についての断面2次モーメント I_x を計算しておき，これを補正するという式 (4.39) を利用する方が簡単となる．同式で I_x は計算しやすい軸 x に関する断面2次モーメントである．x 軸はどこにとってもよいが，図4.53 の例では，ウェブ②の中央高さ（同図中 X 軸）にとると計算が少し簡単となる（ほかの断面形の例でも，中央高さ付近の断面要素の中央位置を計算軸 x にとればよい）．途中の計算は**表4.1** のように整理しておくとよい．

(a) 初めに断面全体の重心位置 G と X 軸の距離 e を求める．計算結果は〔例題4.10〕の終わりに y_0 として，また表4.1 の下に示されており，$e = 4.444$ cm である．

(b) つぎに，図4.53 (b) の断面要素①の X 軸に関する断面2次モーメント I_{Xi} を式 (4.38) から求める．同式は断面要素ごとに用いる．同式中の I_G は，この矩形断面要素①自身の重心に関する断面2次モーメント I_{Gi} であることに注意する．この値は矩形断面では式 (4.40) の $bh^3/12$ から計算でき，$40 \times 10^3/12 = 3\,333$ cm^4 となる．矩形断面要素②，③についても同様で，これを表4.1 の I_{Gi} 欄に記入する．

(c) 断面要素 $i=$ ①の重心位置と X 軸との距離 y_0（$= 20$ cm）を求め，断面積 A_i と y_0^2 との積（$= 163\,300$ cm^4）を計算し，表4.1 の $A_i y_0^2$ 欄に記入する．矩形断面要素②，③についても同様である．X 軸を断面要素②の中心にとっているため，要素②の欄の y_0, $A_i y_0$, $A_i y_0^2$ はいずれも0である．

表4.1 断面定数の計算表

要素 i	寸法〔cm〕	A_i〔cm^2〕	X軸からA_iの重心までの距離 y_0〔cm〕	$A_i y_0$〔cm^3〕	$A_i y_0^2$〔cm^4〕	I_{Gi} ($= bh^3/12$)〔cm^4〕	$I_{Xi} = I_{Gi} + A_i y_0^2$
①	10×40	400	20	8 000	160 000	3 333	163 300
②	10×30	300	0	0	0	22 500	22 500
③	10×20	200	−20	−4 000	80 000	1 667	81 700
合計		$\sum A = 900$		$G_x (= \sum A_i y_0) = 4\,000$			$I_x (\sum I_{xi}) = 267\,500$
$e = G_x / \sum A = 4.444$ cm							

（d） 図形要素ごとに $I_{xi} = I_G + A_i y_0^2$ を計算し，表に記入，その総和 $\sum I_{xi}$ を求めると，式 (4.39) の図形全体の I_x が計算できた。すなわち，式 (4.39) は図形全体に対して用いる式である。求めたいのは図形全体の I_G であるから，図形全体の離心量 e と断面積 $\sum A$ を用いて，I_x から $e^2 \sum A$ を引くと，この図形全体の断面2次モーメント I_G が得られる。すなわち

$$I_G = I_x - e^2 \sum A = 267\,500 - 4.444^2 \times 900 = 249\,700\text{ cm}^4 \qquad \therefore\ I_G = 250\,000\text{ cm}^4$$

一般には有効数字4桁で計算し，最終段階で4捨5入し，有効数字3桁とする。

4.8 はりの変形

4.8.1 微分方程式

はりの弾性曲線の微分方程式は式 (4.21) で導かれており

$$\frac{d^2 v}{dx^2} = -\frac{M}{EI} \tag{4.42}$$

と表される[1]。式 (4.42) は，はりの曲げモーメントが与えられた場合の式であるが，EI が一定で，せん断力 Q や荷重強度 $q(x)$ が与えられている場合には，式の両辺を微分し，式 (4.9) の $dM/dx = Q$ および式 (4.10) の $dQ/dx = -q(x)$ を順次代入すれば3階，4階の微分方程式が次のように求められる。

$$\frac{d^3 v}{dx^3} = -\frac{Q}{EI} \tag{4.43a}$$

$$\frac{d^4 v}{dx^4} = \frac{q(x)}{EI} \tag{4.43b}$$

したがって，はり上の M, Q, $q(x)$ のいずれかが与えられれば，上の三つの微分方程式のいずれかを解いて，はりのたわみ v が求められる。上式は常微分方程式であるから，一般解には階数だけの積分定数が含まれるが，これらは，はりの支持端における**境界条件**（表2.1参照）によって決定される。はりのおもな支持端の種類と境界条件を**表4.2**に示す。

表4.2 はりの境界条件

固定端	単純支持端	自由端
たわみ $v = 0$	$v = 0$	$\dfrac{d^2 v}{dx^2} = 0\ (\because\ M = 0)$
たわみ角 $\dfrac{dv}{dx} = 0$	曲率 $\dfrac{d^2 v}{dx^2} = 0\ (\because\ M = 0)$	$\dfrac{d^3 v}{dx^3} = 0\ (\because\ Q = 0)$

静定はりでは一般に，曲げモーメント M が簡単に求められるから，これを式 (4.42) に代入し，2回積分すると，たわみ v が次式のように求められる。

---

[1] 右辺，分母の I が x の関数 $I(x)$ であってもよい。

$$v = \iint \frac{-M}{EI} dx dx + C_1 x + C_2 \qquad (4.44)$$

代表的な荷重に対する単純ばり，および片持ばりのたわみ，たわみ角を巻末付表1に示す．不静定ばりなど，はりの曲げモーメントが求められないときには式 (4.43b) の4階の微分方程式を解く．類似の問題として弾性地盤上のはりや，地中の杭の曲げモーメントを調べる問題などがある．

例題 4.14 図 4.58 に示す等分布荷重を受ける単純ばりのたわみ曲線を求める．

〔解〕このはりの曲げモーメント式は〔例題 4.3〕の式 (4.4) として求められている．

$$M = \frac{q}{2}x(l-x) \qquad \cdots (\text{a})$$

よって，式 (4.42) より

$$EI\frac{d^2v}{dx^2} = -\frac{q}{2}(lx - x^2) \qquad \cdots (\text{b})$$

これを2回積分して

$$EI\frac{dv}{dx} = -\frac{q}{2}\left(\frac{lx^2}{2} - \frac{x^3}{3}\right) + C_1 \qquad \cdots (\text{c})$$

$$EIv = -\frac{q}{2}\left(\frac{lx^3}{6} - \frac{x^4}{12}\right) + C_1 x + C_2 \qquad \cdots (\text{d})$$

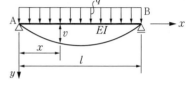

図 4.58　等分布荷重を受ける単純ばり

境界条件は表 4.2 より $x=0$, l で $v=0$ の二つを用いる．

$$EIv(0) = C_2 = 0, \quad EIv(l) = -\frac{q}{2}\left(\frac{l^4}{6} - \frac{l^4}{12}\right) + C_1 l = 0 \qquad \cdots (\text{e})$$

$$\therefore \quad C_1 = \frac{ql^3}{24} \qquad C_2 = 0 \qquad \cdots (\text{f})$$

これを改めて式 (c), (d) に代入するとたわみ v, たわみ角 $\theta = dv/dx$ が次のように求められる．

$$v = \frac{ql^4}{24EI}\left\{\left(\frac{x}{l}\right) - 2\left(\frac{x}{l}\right)^3 + \left(\frac{x}{l}\right)^4\right\} \qquad (4.45)$$

$$\theta = \frac{dv}{dx} = \frac{ql^3}{24EI}\left\{1 - 6\left(\frac{x}{l}\right)^2 + 4\left(\frac{x}{l}\right)^3\right\} \qquad (4.46)$$

最大たわみは $x = l/2$（スパン中央）で生じ

$$v_{\max} = \frac{5ql^4}{384EI} \qquad (4.47)$$

最大たわみ角ははりの両端で生じ，式 (4.46) で，$x=0$ とおくと

$$\theta_{\max} = \frac{ql^3}{24EI} \qquad (4.48)$$

問 4.20 〔例題 4.14〕のはりを式 (4.43b) の4階の微分方程式を用いて解け〔ヒント：式 (4.43b) を4回積分する．四つの積分定数を境界条件 $v(0) = v(l) = 0$, $v''(0) = v''(l) = 0$ より定める．ここに $v'' = d^2v/dx^2$ である．〕．

例題 4.15 図 4.59 に示す集中荷重を受ける単純ばりのたわみ曲線を定め，荷重の作用点 C のたわみ v_C，材端のたわみ角 θ_A, θ_B を求める．

〔解〕荷重の作用点の左側の区間 AC では x_1 を支点 A から右向きへ，右の区間 CB では x_2 を支点 B から左向きにとると曲げモーメントは次のようになる．

$$M_1 = R_A x_1 = \frac{Pb}{l} x_1 \quad (0 \leq \overrightarrow{x_1} \leq a), \quad M_2 = R_B x_2 = \frac{Pa}{l} x_2 \quad (b \geq \overleftarrow{x_2} \geq 0) \quad \cdots (\text{a})$$

これを式 (4.42) に代入して積分すると[1]

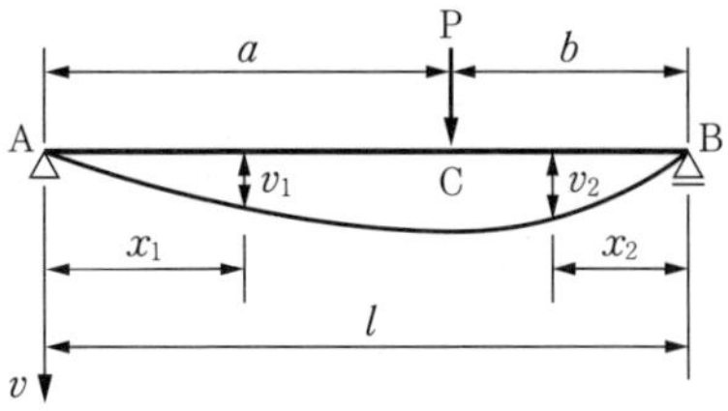

$$EI\frac{dv_1}{dx_1}\left(=EI\widehat{\theta_1}\right) = -\frac{Pb}{2l}x_1^2 + C_1 \quad \cdots (\text{b})$$

$$EI\frac{dv_2}{dx_2}\left(=EI\widehat{\theta_2}\right) = -\frac{Pa}{2l}x_2^2 + C_2 \quad \cdots (\text{c})$$

もう一度積分して

$$EIv_1 = -\frac{Pb}{6l}x_1^3 + C_1 x_1 + C_3 \quad \cdots (\text{d})$$

$$EIv_2 = -\frac{Pa}{6l}x_2^3 + C_2 x_2 + C_4 \quad \cdots (\text{e})$$

図 4.59　集中荷重を受けるはりのたわみ

式 (d), (e) には四つの積分定数があり，このうちの二つは $x_1 = x_2 = 0$ で $v_1 = v_2 = 0$ より

$$C_3 = C_4 = 0 \quad \cdots (\text{f})$$

と求められる。残る二つの積分定数は荷重点 C で，左右のたわみが等しい条件 $v_1 = v_2$ および，たわみ角が等しい条件 $dv_1/dx_1 = -dv_2/dx_2 \left(\widehat{\theta_1} = -\widehat{\theta_2}\right)$ から決定できる[2]。たわみに対して式 (d)，および式 (e) にそれぞれ $x_1 = a$, $x_2 = b$ を代入して等置すると

$$-\frac{Pb}{6l}a^3 + C_1 a = -\frac{Pa}{6l}b^3 + C_2 b \quad \cdots (\text{g})$$

たわみ角に対する式 (b)，(c) についても同様にして

$$-\frac{Pb}{2l}a^2 + C_1 = -\left(-\frac{Pa}{2l}b^2 + C_2\right) \quad \cdots (\text{h})$$

式 (g), (h) を C_1, C_2 について解くと

$$C_1 = \frac{Pab(l+b)}{6l}, \quad C_2 = \frac{Pab(l+a)}{6l} \quad \cdots (\text{i})$$

よって，これらを式 (d), (e) および (b), (c) に代入して

$$v_1 = \frac{Pb}{6EIl}\{a(l+b)x_1 - x_1^3\} \quad (0 \leq \overrightarrow{x_1} \leq a) \tag{4.49a}$$

$$v_2 = \frac{Pa}{6EIl}\{b(l+a)x_2 - x_2^3\} \quad (b \geq \overleftarrow{x_2} \geq 0) \tag{4.49b}$$

$$\widehat{\theta_1} = \frac{dv_1}{dx_1} = \frac{Pb}{6EIl}\{a(l+b) - 3x_1^2\} \quad (0 \leq \overrightarrow{x_1} \leq a) \tag{4.50a}$$

$$\widehat{\theta_2} = \frac{dv_2}{dx_2} = \frac{Pa}{6EIl}\{b(l+a) - 3x_2^2\} \quad (b \geq \overleftarrow{x_2} \geq 0) \tag{4.50b}$$

載荷点 C のたわみは，式 (4.49a) で $x_1 = a$ とおいて

$$v_C = \frac{Pa^2 b^2}{3EIl} \tag{4.51}$$

特に，スパン中央載荷のときには ($a = b = l/2$)

---

[1] θ の上の矢印は回転角の方向を表す。
[2] 図 4.60 に示すように dv_1/dx_1 は右まわりが正であるのに対し，x_2 を左向き正にとっているので dv_2/dx_2 は左まわりが正となることに注意を要する。よって，点 C でたわみ角が等しい条件は $\widehat{\theta_1} = -\widehat{\theta_2}$ である。

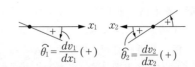

図 4.60　x の方向とたわみ角の正の方向

$$v_{\max} = \frac{Pl^3}{48EI} \tag{4.52}$$

はりの両支点におけるたわみ角は式 (4.50 a, b) で $x_1=x_2=0$ とおいて

$$\hat{\theta}_A = \frac{Pab(l+b)}{6EIl}, \quad \hat{\theta}_B = \frac{Pab(l+a)}{6EIl} \tag{4.53}$$

はりの曲げ剛性 EI が一定でない場合でも，式 (4.44) の積分を $M(x)$ とともに数値積分を行うことによってたわみ形が求められる。

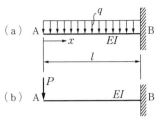

図 4.61 片持ばり

問 4.21 図 4.61 (a), (b) に示す片持ばりのたわみ曲線を求めよ。また自由端のたわみ，たわみ角を計算せよ。

問 4.22 式 (4.9) 以降本書に現れた M, Q, q, v, θ を関係づける式をすべて書き出し，整理せよ。

4.8.2 温度差によるはりのたわみ

図 4.62 (a) に示すはりは，はじめは一様に 0 ℃ であったが，上縁が t_1 〔℃〕，下縁が t_2 〔℃〕だけ ($t_1 > t_2$) 温度上昇し，はり内部では上縁から下縁まで図 (a) に示すように直線的な温度分布をしているとする。

はりの材料の線膨張係数[1]を α とすると，この物体の伸び Δl はもとの長さ l，温度変化量 Δt に比例し

$$\Delta l = \alpha \Delta t\, l = \varepsilon\, l \;(\varepsilon = \alpha \Delta t) \tag{4.54}$$

で求められるから，図 (b) のはりの微小長さ dx の伸びは上縁および下縁でそれぞれ

$$\Delta dx_1 = \alpha t_1 dx, \quad \Delta dx_2 = \alpha t_2 dx \quad \cdots (\text{a})$$

したがって，このはり要素は図 (b) のように距離 dx 離れた左右の断面で次の角変化量が生じる。

$$d\theta \fallingdotseq \tan\theta = \frac{\Delta dx_1 - \Delta dx_2}{h} = \frac{\alpha(t_1-t_2)dx}{h} \quad \cdots (\text{b})$$

曲率 ϕ は式 (4.17) より

$$\phi = \frac{d^2v}{dx^2} = \frac{d(dv/dx)}{dx} = \frac{d\theta}{dx} \quad \cdots (\text{c})$$

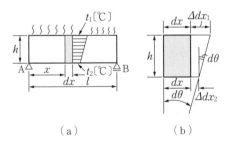

図 4.62 温度変化のあるはり

---

[1] 線膨張係数 α とは長さ l (mm) の物体が温度 1 ℃ 当り Δl (mm) 伸びたとき $\alpha = \Delta l / l$ 〔1/℃〕 $= \varepsilon$ 〔1/℃〕で与えられる。すなわち，温度 1 ℃ 当りのひずみ量を表す。鋼およびコンクリートともに α の値はおおよそ $10 \sim 12 \times 10^{-6}$ 〔1/℃〕。両者の線膨張係数 α の値がほぼ等しいために，鉄筋コンクリート構造が成立できたともいえる。

であるから，上式に式 (b) を代入すると，この dx 区間のはりの曲率は

$$\phi = \frac{\alpha(t_1 - t_2)}{h} = \phi_c \quad (\text{一定}) \tag{4.55}$$

もし，温度変化 t_1, t_2 がはりの長さ方向に一定であるとすると，はりの至るところで式 (4.55) の一定曲率が与えられた問題を考えていることになる．よって，式 (c) より，このはりの微分方程式がつぎのように定められる．

$$\frac{d^2v}{dx^2} = \frac{\alpha(t_1 - t_2)}{h} = \phi_c \quad (\text{一定}) \tag{4.56}$$

したがって，これを解いて

$$v = \iint \phi_c \, dx \, dx + C_1 x + C_2 = \frac{\phi_c}{2} x^2 + C_1 x + C_2 \quad \cdots (\text{d})$$

長さ l の単純ばりの境界条件は，$v(0) = 0$，$v(l) = 0$ であるから，$C_1 = -\phi_c l/2$，$C_2 = 0$ が求められ，結局たわみ曲線は

$$v = \frac{\phi_c l^2}{2} \left\{ \left(\frac{x}{l}\right)^2 - \left(\frac{x}{l}\right) \right\} = \frac{\alpha(t_1 - t_2) l^2}{2h} \left(\frac{x}{l}\right)\left(\frac{x}{l} - 1\right) \quad \cdots (\text{e})$$

ところで，このはりの曲げ剛性を EI とすると曲げモーメント M と曲率 ϕ の関係は式 (4.21) で $M = -EI\phi$ と与えられており，これに式 (4.56) を代入すると

$$M = -EI\phi_c \quad (= \text{一定}) \tag{4.57}$$

上式は，曲げモーメントがはりの長さ方向に一定なはりの問題である．すなわち，上下縁に温度差 $\Delta t = t_1 - t_2$ の生じる単純ばりは，じつは図 4.63 に示す両端に一定外力モーメント $M_C = -EI\phi_c = -EI\alpha\Delta t/h$ の作用するはりとまったく同じ問題を考えていることになる．

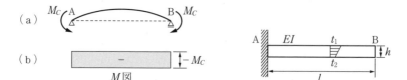

図 4.63　温度応力に等しい外力モーメント　　図 4.64　温度変化のある片持ばり

問 4.23 図 4.64 の片持ばりの上，下端で温度差 $\Delta t = t_1 - t_2$ を生じた．これによる点 B のたわみ v_B を求めよ．ただし，材料の線膨張係数を α とする．

ハンガリー・ブダペストのくさり橋の夜景

第5章 影響線

5.1 移動荷重と影響線

橋などのように移動荷重を受ける構造物では，荷重の作用位置によって構造物中のある注目点の反力，断面力あるいは変形量の大きさが変わるので，構造物にとって最も不利な荷重作用位置を見つけ出し，構造の安全性を確かめなければならない。この移動荷重による影響を簡単に求めるために，大きさ1の単位荷重一つを構造物上に作用させて移動させ，構造物の反力やある注目点の断面力などの変化を示す図をあらかじめ用意しておくと非常に便利である。このような図を影響線という。影響線が求められていれば，一つの集中荷重が作用する場合だけでなく，図5.1(a)に示すように，2個以上の集中荷重が連行する場合や，図(b)のように分布荷重が移動する場合の，ある注目点の最大断面力が容易に求められる。

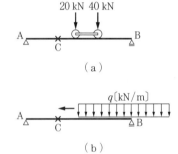

図5.1 移動荷重が作用するはり

5.2 静定ばりの影響線

5.2.1 単純ばりの影響線

単純ばりの影響線を図5.2(a)のはりを例に述べる。集中荷重一つが作用する単純ばりの支点反力，断面力については，4.3.2項で求められており，ここでもその結果が利用できる。ただし，図4.6(a)では荷重Pの作用位置が一定値aで表されているのに対し，ここでは図(a)に示すように，Pを単位荷重1にとり，その作用位置を変量xで表す。したがって，ここでは前の結果のaをxとおき，bを$l-x$に替える。

〔1〕**反力の影響線**　図5.2(a)，式(4.1)より

$$R_A = \frac{l-x}{l} = \frac{x'}{l} \quad (x' = l-x), \quad R_B = \frac{x}{l} \tag{5.1}$$

上式のxを水平方向に，R_AまたはR_Bを鉛直下方にとり描くと図5.2(b)，(c)のようになる。

図 (b) および (c) で荷重直下の η（イータ）の大きさがその荷重位置での支点反力の大きさを表している。η を反力の**影響線縦距**と呼ぶ。単位荷重 $P=1$ が支点 B 上にあるときには，図 (a) から明らかに $R_A=0$ で，支点 B での η の大きさは 0 である。また，$P=1$ が支点 A 上にあるときには $R_A=1$ であるから，支点 A 直下の η の大きさは 1 である。R_B の影響線は逆となっており，両者の影響線縦距を加え合わせると，どこでも単位荷重 1 になっていることが図 (b)，(c) および式 (5.1) から確かめられる。すなわち，$R_A+R_B=1$ となる。

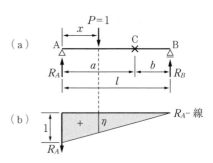

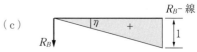

〔2〕**せん断力の影響線** 図 5.2 (a) の点 C のせん断力は（図 4.8 で $P=1$ とおいて）

$$\left.\begin{array}{l} P=1 \text{ が区間 } \overline{AC} \text{ にあるとき} \quad (0\leq x\leq a) \\ \quad Q_C = R_A - 1 = -R_B = \dfrac{-x}{l} \\ P=1 \text{ が区間 } \overline{CB} \text{ にあるとき} \quad (a\leq x\leq l) \\ \quad Q_C = R_A = 1 - \dfrac{x}{l} \end{array}\right\} \quad (5.2)$$

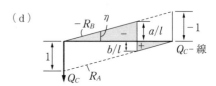

上式から，せん断力 Q_C の影響線は点 C の左側に $P=1$ がくるときには反力 R_B の影響線の負値を描けばよく，点 C の右側に $P=1$ がくるときには反力 R_A の影響線そのものである。よって図 5.2 (d) のように描かれる。同図より，点 C のせん断力は，荷重が左から右へ点 C を通過するとき（−）から（+）へと大きさ 1 だけ急激に変化することがわかる（レールの継ぎ目を車輪がゆっくり通過する様子を想像せよ。レールの継ぎ目に球があるとすると，球の回転はどのようになるか？）。

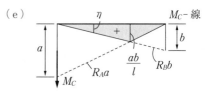

図 5.2 単純ばりの影響線

〔3〕**曲げモーメントの影響線** 注目点 C の曲げモーメントは（図 4.8 参照）

$$\left.\begin{array}{ll} P=1 \text{ が区間 } \overline{AC} \text{ にあるとき} \quad (0\leq x\leq a) & M_C = R_B b = \dfrac{b}{l}x = \dfrac{l-a}{l}x \\ P=1 \text{ が区間 } \overline{CB} \text{ にあるとき} \quad (a\leq x\leq l) & M_C = R_A a = \dfrac{a}{l}x' = \dfrac{l-x}{l}a \end{array}\right\} \quad (5.3)$$

よって，曲げモーメントの影響線は，支点反力 R_A，R_B の影響線を b 倍または a 倍したもので，図 5.2 (e) のようになる。同図より点 C の曲げモーメントが最大になるのは，単位荷重が点 C にきたときである。

以上のように，せん断力，曲げモーメントの影響線は，反力の影響線から簡単に作れる。

図 5.2 の各影響線図には説明のために縦軸 R_A, R_B, Q_C, M_C が示されているが，一般にはこれらは図では省略する。

図 4.9 (a)，(b) に示すような断面力（M 図，Q 図）と，図 5.2 (d)，(e) に示す影響線図と

の違いをはっきりと知っておく必要がある．影響線も断面力の大きさを表しているが，影響線図は，**単位荷重1による値**であり，ある特定断面の断面力の大きさηを，注目する断面位置ではなく，**荷重の作用位置の直下に描く**という点で断面力図とは異なる．

影響線は以上のように求められるほか，後の章で学ぶ仮想仕事の原理（7.5節♠）や不静定構造に応用されるミューラー・ブレスローの原理（8.5.1項♠）からも求めることができる．

〔4〕**いくつかの集中荷重が作用するはり**　ある注目点の影響線が一度求められると，それを利用して複数の集中荷重や分布荷重が作用する場合の，支点反力や断面力を求めることは比較的簡単で，実際の設計でもよく利用される．

図5.3に示すように，二つの集中荷重P_1，P_2が作用する場合，その荷重直下の曲げモーメントの影響線縦距を図のようにη_1，η_2とすると，η_1は$P_1=1$のときの点Cの曲げモーメントであるから，元のP_1による点Cの曲げモーメントは$P_1\eta_1$，同様にP_2による曲げモーメントは$P_2\eta_2$となる．したがって，P_1とP_2が同時に作用する場合の点Cの曲げモーメントは，両者を加え合わせて

$$M_C = P_1\eta_1 + P_2\eta_2 \tag{5.4}$$

として求められる[1]．

さらに多くの集中荷重P_iがある場合でも，それに対応する影響線縦距をη_iとすると

$$M_C = \sum_i P_i \eta_i \tag{5.5}$$

として点Cの曲げモーメントが計算できる．支点反力，せん断力についても同様の重ね合わせができる．

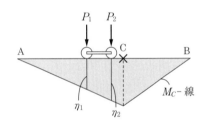

図5.3　集中荷重の作用

〔5〕**分布荷重の作用するはり**　はり上のある区間に，分布荷重qが作用する場合，点Cの曲げモーメントの影響線を用いて点Cの曲げモーメントの値を求めることができる．**図5.4**の分布荷重区間のある位置xでの影響線縦距をη_xとする．点xで分布の微小幅dx上の荷重の大きさは$p=qdx$であるから，これによる点Cの曲げモーメントは$p\eta_x = q\eta_x dx$となる．よって，式（5.5）と同じようにこれを全荷重分布区間で積分して

$$M_C = \int_e^f q\eta_x dx \tag{5.6}$$

もし，荷重強度qが一定の場合には

$$M_C = q\int_e^f \eta_x dx = qS \tag{5.7}$$

となる．ここで積分$S = \int_e^f \eta_x dx$は図5.4の影響線の荷重分布区間EFの下の面積（図5.4の斜線部）である（同図の場合$S=(f-e)(\eta_f+\eta_e)/2$）．

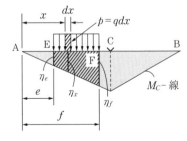

図5.4　分布荷重の作用するはり

問 5.1　図5.2（e），図5.4を参照し分布荷重qが単純ばりの全長に作用するときのはりの中点（$a=$

---

[1]　断面力，反力，たわみは弾性体では一般に荷重と比例関係にあるので，このような重ね合わせができる．これを重ね合せの原理という（8.1節♠参照）．

$l/2$) の曲げモーメントを影響線面積より求めよ．

〔6〕たわみの影響線　図5.2 (a) のはりの点Cのたわみは，式 (4.49 a, b) の結果が利用できる．図4.59のx_2の位置が図5.2 (a) の点Cに相当する．このほか，両図を注意して比較し，図5.2 (a) では荷重Pが点Cの左側にあるから，式 (4.49 b) を用いる．ただし，図4.59のa, b, x_2は，図5.2 (a) ではx, $l-x$, $b(=l-a)$ となっているから，式 (4.49 a, b) をこれらで書き換えると

$$v_C = \frac{1}{6EIl} x(l-a)(2la - a^2 - x^2) \quad (0 \leq x \leq a) \tag{5.8a}$$

となる．荷重$P=1$が点Cの左側にきたときには，式 (4.49 a) を用い

$$v_C = \frac{1}{6EIl} a(l-x)(2lx - x^2 - a^2) \quad (a \leq x \leq l) \tag{5.8b}$$

となる．これを図示すれば，たわみの影響線 (xの3次式) が得られる (図は省略)．上の2式を注意して見ると，aとxとを入れ替えると，式 (5.8a) と式 (5.8b) は，たがいに入れ替わることがわかる．式 (5.3) の曲げモーメントの影響線も同じである．したがって，これらを$G(x, a)$とおくと

$$G(x, a) = G(a, x) \tag{5.9}$$

なる関係がある．すなわち，載荷点距離xと注目点距離aを入れ替えても同じ値が得られることを示している．弾性構造物のこのような性質は**相反定理**と呼ばれ重要なものである (詳細は7.8節で学ぶ)．式 (5.9) の$G(x, a)$のような影響線関数は数学で**グリーン (Green) 関数**と呼ばれている．

5.2.2　片持ばりの影響線

図5.5 (a) に示す片持ばり上の点iのせん断力，曲げモーメントは次式のように求められる．

$$Q_i = -1 \quad (0 \leq x \leq a) \tag{5.10}$$

$$M_i = -(a-x) \quad (0 \leq x \leq a) \tag{5.11}$$

これらを図示すると図5.5 (b)，(c) の影響線となる．$P=1$が点iより右側にあるときには明らかに点iにはせん断力も曲げモーメントも生じない．

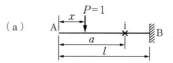

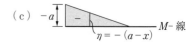

図5.5　片持ばりの影響線

5.2.3　張出しばりの影響線

図5.6 (a) の張出しばりの反力および点iの断面力の影響線を描く．

〔1〕反力の影響線　図5.7 (a) を参照し，支点Bから単位荷重位置までの距離をxとおいて点Bを中心にモーメントのつりあいを考えると

$$\sum \widehat{M}_{(B)} = R_A l - 1 \cdot x = 0 \quad \therefore R_A = \frac{x}{l} \quad \cdots (a)$$

よって，R_Aの影響線は図5.6 (b) のようになる．単位荷重が支点A上にあるときには，$x=l$で明らかに支点Aで影響線縦距は$\eta=1$であり，支点B上にあるときには，$\eta=0$である．単純ばりの

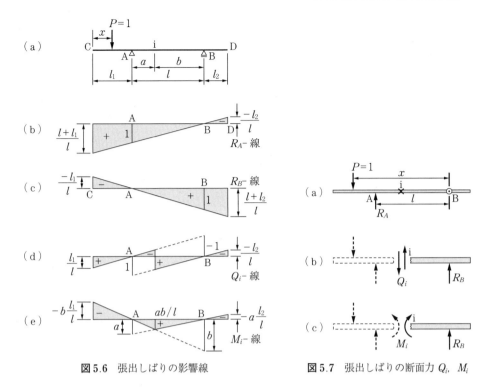

図 5.6 張出しばりの影響線 **図 5.7** 張出しばりの断面力 Q_i, M_i

場合と同様，この2点を結んで影響線としてもよい。反力 R_B についても，支点 A から x をとり，同じようにして影響線を求めれば，図 (c) が得られる。このように張出しばりの反力の影響線は，単純ばりの影響線を延長したものである。図 (b) の区間 BD，あるいは図 (c) の区間 CA では負の影響線となっており，この区間に大きな荷重が作用し，ほかの区間の荷重が小さければ R_A または R_B は負の値となる場合があり，実際の構造物では支点に浮上り防止を施さなければならない。

〔2〕**せん断力の影響線**　単純ばりと同じく，単位荷重が点 i の左側にあるときと，右側にあるときとを分けて考える。図 5.6 (a)，図 5.7 (b) を参照し

$$\left.\begin{array}{l} P=1 が区間 \overline{Ci} にあるとき \quad (0 \leq x \leq l_1+a) \quad Q_i = -R_B \\ P=1 が区間 \overline{iD} にあるとき \quad (l_1+a \leq x \leq l_1+l+l_2) \quad Q_i = R_A \end{array}\right\} \quad (5.12)$$

上式は，単純ばりで求めた式 (5.2) と同じで，単純ばりの影響線を張出し部まで延長して図 5.6 (d) が描かれる。

〔3〕**曲げモーメントの影響線**　せん断力と同じ区間で分けると，図 5.7 (c) の自由物体についての力のつりあいより

$$\left.\begin{array}{l} P=1 が区間 \overline{Ci} にあるとき \quad (0 \leq x \leq l_1+a) \quad M_i = R_B b \\ P=1 が区間 \overline{iD} にあるとき \quad (l_1+a \leq x \leq l_1+l+l_2) \quad M_i = R_A a \end{array}\right\} \quad (5.13)$$

これも単純ばりの式 (5.3) と同じで，影響線も単純ばりの直線を張出し部に延長した図 5.6 (e) に示す図になる。分布荷重が作用する場合，点 i の曲げモーメントの絶対値が最大になるのは，はり上の区間 AB のみ，あるいは区間 CA と区間 BD に同時に載荷されるときである。

5.2.4 ゲルバーばりの影響線

ゲルバーばりは，単純ばりと片持ばり，または張出しばりの組合せであるから，影響線は単にそれぞれのものを組み合わせればよい。

図5.8(a)に示すゲルバーばりの中央の張出しばり部EFのみを考えると，支点B，Cの反力 R_B, R_C および点jの断面力の影響線は，前例の図5.6に示した張出しばりに対する結果とまったく同じになる。よって，ここでは単位荷重が単純ばり部の区間AEにある場合についてのみ，反力 R_B および点kと点jの断面力の影響線を求めてみよう。

図5.8(a)に示すように，左支点Aから単位荷重までの距離を x とおくと，単純ばりAEの支点反力 R_E は式(5.1)より

$$R_E = \frac{x}{m_1} \qquad \cdots (\text{a})$$

となる。

i）反力 R_B, R_C　式(a)の R_E が張出しばりの端部Eに集中荷重として作用するから，反力 R_B は，はりEFの力のつりあいより

$$\sum \widehat{M}_{(C)} = R_B l - R_E (l+l_1) = 0$$

$$\therefore\ R_B = \frac{l+l_1}{l} R_E = \frac{l+l_1}{l m_1} x \qquad \cdots (\text{b})$$

これを図示すると，図5.8(b)の線分 $\overline{ae}$ のようになる。また R_C は点Bでのモーメントのつりあいより

$$R_C = -\frac{l_1}{l} R_E = \frac{-l_1}{l m_1} x \qquad \cdots (\text{c})$$

単位荷重がFD上にあるときには同様にして，はりFDの支点反力 R_F を張出し点Fに作用させ，影響線を描くと図(b)の $\overline{fd}$ のようになる。ここで $R_F = x/m_2$（x は右支点Dから左向きにとる）。

問 5.2　単位荷重が図5.8(a)のはりのFD上にあるとき，反力 R_C の影響線を描け。

ii）せん断力 Q_j の影響線　$P=1$ が図5.8(a)の区間AEにあるとき，支点反力 R_B, R_C は式(b)，(c)のように求まるから，せん断力 Q_j のつりあいを**図5.9**(a)のように点jの右側部分で考えると，式(c)より

$$Q_j = -R_C = \frac{l_1}{l m_1} x \qquad \cdots (\text{d})$$

よって，この区間では R_C の影響線の負値を描けばよい。はり全体の影響線図は図5.8(d)のようになる。等分布荷重が作用する場合，正のせん断力が点jに生じるのは，はり上の区間

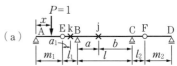
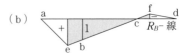

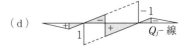
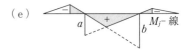

図5.8　ゲルバーばりの影響線

図5.9　ゲルバーばりの断面力 Q_j, M_j

AB と区間 jC に載荷されたときであることがわかる。

問 5.3 単位荷重が図 5.8（a）のはりの FD 上に作用したとき Q_j を求め，この区間の影響線を描け。

iii）曲げモーメント M_j の影響線　単位荷重がはり AE 上にあるとき，Q_j と同様，点 j の右側のつりあいより（図 5.9（b）参照）

$$M_j = R_C b \qquad \cdots (e)$$

単位荷重がはり FD 上にあるときには，点 j の左側のつりあいより

$$M_j = R_B a \qquad \cdots (f)$$

よって，影響線は図（e）のようになる。これは反力 R_C, R_B をそれぞれ b 倍，a 倍したものであり，式（5.13）と同じ形の式となる。図（e）より，等分布荷重が作用する場合，点 j の正の曲げモーメントが最大となるのは，荷重がゲルバーばりの全長にわたって作用する場合ではなく，区間 BC に載荷されるときであることがわかる。

iv）せん断力 Q_k の影響線　図 5.8（a）の張出し部 EB の中間点 k のせん断力 Q_k は $P=1$ が区間 AE にあるとき，はり AE の反力 R_E が張出し点 E に作用するから，図 5.10 の Ek 部分のつりあいより

$$Q_k = -R_E = -\frac{x}{m_1} \qquad \cdots (g)$$

また，$P=1$ が区間 Ek にあるときには，$Q_k = -1$ である。よって，影響線は図 5.8（f）のようになる。

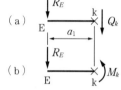

図 5.10　ゲルバーばりの断面力 Q_k, M_k

v）曲げモーメント M_k の影響線　$P=1$ がはりの区間 AE 上にあるとき，図 5.10（b）のつりあいより

$$M_k = -R_E a_1 = -\frac{a_1}{m_1} x \qquad \cdots (h)$$

$P=1$ が区間 Ek にあるとき，図 5.5 の片持ばりの場合と同じになる。したがって，影響線は図 5.8（g）のようになる。

5.3　移動荷重と最大曲げモーメント

列車が構造物上を通過するときには，間隔が変わらない集中荷重列が移動する状態となる。単純ばり上のこのような移動荷重列を考えてみよう。

〔1〕注目点に最大曲げモーメントを生じる荷重列の位置　図 5.11 の単純ばり上の注目点を C とすると，このはりの点 C の曲げモーメントの影響線は図 5.2（e）のように求められる。これを図 5.11 のはりの下に描く。いま，このはり上を荷重列が通過するとし，ある瞬間でこの荷重列を点 C の左側と右側に分け，それぞれの荷重の合力を図 5.11 のように P_l, P_r とする。合力 P_l, P_r の作用点での，曲げモーメント M_C の影響線縦距を η_l, η_r とすると式（5.4）より

$$M_C = P_l \eta_l + P_r \eta_r \qquad (5.14)$$

もし，荷重列の位置がxで表されるとすると，M_Cが最大となる条件は$dM_C/dx=0$である。ここで，荷重列の位置がわずかに変わってもP_l, P_rの大きさは変化しないものとする。すなわち，図5.11のはりの区間AC，CBで荷重の出入りはないとすると，式(5.14)でP_l, P_rは一定となる。よって

$$\frac{dM_C}{dx} = P_l \frac{d\eta_l}{dx} + P_r \frac{d\eta_r}{dx} \tag{5.15}$$

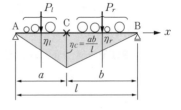

図5.11 点Cに最大曲げモーメントの生じる荷重列

ここで，$d\eta_l/dx$, $d\eta_r/dx$は図の点Cの左右の影響線の傾きを表している。よって，点Cの影響線縦距（$\eta_C = ab/l$）を用いてこの傾きを表すと

$$\frac{d\eta_l}{dx} = \frac{\eta_C}{a} = \frac{b}{l}, \quad \frac{d\eta_r}{dx} = \frac{-\eta_C}{b} = \frac{-a}{l} \tag{5.16}$$

これらを式(5.15)に代入し，$dM_C/dx=0$なる最大条件を与えると

$$\frac{P_l}{a} = \frac{P_r}{b} \quad \text{あるいは} \quad \frac{P_l}{a} = \frac{P}{l} \quad (P = P_r + P_l) \tag{5.17}$$

が得られる。すなわち，注目点の左側の平均荷重P_l/aが右側の平均荷重P_r/bと等しいとき，または全平均荷重P/lに等しいとき，注目点に最大曲げモーメントが生じる。しかし，実際の列車荷重はいくつかの集中荷重の集まりであり，一般にはちょうど式(5.17)の条件が満たされるようには荷重分配はできないから，いま，荷重列が

$$\frac{P_l}{a} > \frac{P_r}{b} \tag{5.18 a}$$

であったとして，注目点の左側のP_lに含まれる点Cに最も近い荷重の一つが点Cを通過したとき

$$\frac{P_l}{a} < \frac{P_r}{b} \tag{5.18 b}$$

となったとすると，その瞬間に$P_l/a = P_r/b$が満足され，注目点Cに最大曲げモーメントが生じる。すなわち，"荷重状態が式(5.18 a)から式(5.18 b)に変化するように，集中荷重の一つが注目点C上に載荷されている状態"が求める荷重列の位置となる。

問 5.4 式(5.17)の右側の式を導け。

〔2〕絶対最大曲げモーメントの生じる断面位置　　はりの上をある荷重列が進行するとき，はりのどこかに最大の曲げモーメントが生じるはずである。はりの設計はその位置と大きさを知ったうえで行わなければならない。このような最大曲げモーメントを**絶対最大曲げモーメント**（**absolute maximum bending moment**）といい，それを生じる断面を**危険断面**（**critical section**）という。

いま図5.12の荷重状態に対して，先に述べたような最大曲げモーメントがはり上の点C（支点Aから距離aの位置）で生じているとすると，この点上に車輪の一つがある。ここで荷重の出入りがないよう点Cを荷重とともに少し動かしてみる。

前と同様，点Cの左，右の荷重列の合力をP_l, P_rとおく。全荷重の合力Pの作用位置が右支点Bから距離xにあるとすると，図5.12の点Cの左側の力のつりあいより

$$Q_C = R_A - P_l = \frac{Px}{l} - P_l$$

点 C で曲げモーメントが最大となると仮定したから上式で $Q_C = 0$[1]，すなわち

$$\frac{P_l}{x} = \frac{P}{l} \qquad (5.19)$$

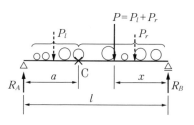

図 5.12 絶対最大曲げモーメントの生じる荷重列

先の式 (5.17) では，ある定められたはり上の点 C で曲げモーメントの値が最大となるような荷重位置を考えた。一方，上式 (5.19) は，はり上の最大曲げモーメントの生じる位置はどこかを示す条件式である。よって両者を同時に考えれば，点 C の位置で絶対最大曲げモーメントが得られるということになる。すなわち，式 (5.17)，(5.19) を同時に満たすには $x = a$ となる条件が必要となる（a と x の位置は図 5.12 参照）。

以上を整理すると"絶対最大曲げモーメントは，荷重列のうち，せん断力図が符号を変える荷重作用点下（図 5.12 の点 C）で生じ，この点とはり上の全荷重の合力 P の作用点とを 2 等分する点にスパン中点がくるよう荷重列を配置すれば，絶対最大曲げモーメントが点 C に生じる"となる。

研究 図 5.11 の単純ばりで，絶対最大曲げモーメントの生じる位置を求める手順を考えよう。1) 初めに，はり上の中央付近の任意の位置に点 C_1 を取る（支点 A から右へ距離 a_1 とする）。2) 与えられた列車荷重列をはりに載せ，点 C_1 の左右で分け，それぞれの合力 P_l, P_r が式 (5.18 a, b) を満たすように荷重列を移動させる。3) そのときの全荷重の合力 P の作用位置を求め，左支点 B からの距離を x_1 とおく。4) **図 5.13** の a, x 座標に点 $Q_1(a_1, x_1)$ を描く。5) はり上に点 C_1 とは別の位置に点 C_2 をとり，前と同様に座標点 $Q_2(a_2, x_2)$ を図 5.13 上にとり，点 Q_1 と Q_2 を結ぶ。6) 線分 Q_1Q_2 と a, x 座標の原点から引いた直線 $x = a$ との交点の座標 (a, x) が求める点となる。この距離 a に点 C をおき，式 (5.18 a, b) を確認した後，荷重合力中の位置を求め，a と等しくなることを確認する。異なっていれば点 Q_3 とし，Q_2 と結ぶ。

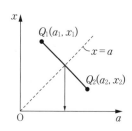

図 5.13 絶対最大曲げモーメントの生じる位置

5.4 間接載荷

〔1〕間接載荷の構造　桁橋やトラス橋など，多くの橋梁構造形式では床板上の荷重は縦桁や横桁などの床桁部材を介して間接的に主構造に伝えられる（**図 5.14** 参照）。トラス橋では，床桁はトラスの節点（格点）に結合されており，力はつねに節点に作用する。床桁と主桁（あるいはトラス）との結合点も格点といい，格点の間を格間，その長さ（図 5.14 (a) の λ) を格間長[2]という。

図 5.14 (a) は等間隔に間接載荷されるはりの一例を示したもので，一般的には主桁 AB の上に単純ばりが並べられた構造と考えてよい。図 (a) の床桁 CD に一つの集中荷重が作用する場合に

---

1) 集中荷重を受けるはりのせん断力図は 4.3.2 項で学んだように階段状であり，ある一つの集中荷重点でせん断力 Q が (+) から (−) へ (あるいは逆に) 変わり，この点で $M_{\max}$ が生じる。
2) これらの名称は 3.1.2 項"トラス部材の名称"と同じである。

は，単純ばり CD の支点反力 P_C, P_D が図 (b) のように主桁 AB の点 C', D' に作用することになる。ここで P_C, P_D は次式で表される。

$$P_C = \frac{\lambda - x}{\lambda} P, \quad P_D = \frac{x}{\lambda} P \tag{5.20}$$

はり AB の支点反力 R_A, R_B は構造全体のつりあいを考えて求めるので，集中荷重 P が直接はり AB に作用する場合も，P の二つの分力 P_C, P_D が作用する場合も同じ結果となる。したがって，間接載荷されるはりの反力 R_A, R_B の影響線は図 5.2 (b)，(c) に示すものと同じである。しかし，せん断力と曲げモーメントの影響線は直接載荷される場合の影響線，図 5.2 (d)，(e) を少し修正する必要がある。

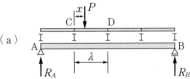
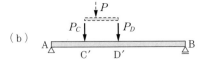

図 5.14　間接載荷

問 5.5 図 5.14 (a) の P による反力 R_A, R_B を求めよ。次に図 (b) の P_C, P_D による反力 R_A, R_B を式 (5.20) を利用して求め，P による結果と同じになることを確かめよ。

〔2〕**断面力の影響線**　図 5.15 (a) に示すはりの区間 CD における注目点 i のせん断力 Q_i，曲げモーメント M_i の影響線を次の区間に分けて考えよう。

i) 単位荷重 $P=1$ が区間 AC に作用するとき：支点反力 R_A, R_B は直接載荷の場合と変わらないから，注目点 i より右側部分（$P=1$ がない区間）でのつりあいより（図 5.7 (b)，(c) 参照）

$$Q_i = -R_B, \quad M_i = R_B b \tag{5.21}$$

ii) $P=1$ が区間 DB にあるとき：注目点 i から左側部分でのつりあいより

$$Q_i = R_A, \quad M_i = R_A a \tag{5.22}$$

上式 (5.21)，(5.22) は直接載荷の場合の式 (5.2)，(5.3) と同じであり，これらの区間では図 5.2 (d)，(e) の影響線がそのまま用いられる。

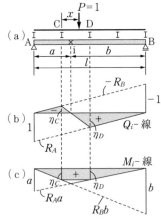

図 5.15　間接載荷桁の影響線

iii) 最後に，単位荷重が図 5.15 (a) に示すように注目点 i の上の床桁 CD 上に載荷されているときには，反力 P_C, P_D が点 i の左右にわかれて主桁 AB に作用する。したがって，式 (5.21)，(5.22) に P_C または P_D の影響を加えればよいが，図 5.3 を思い出し，二つの力が作用する場合の影響線を用いてもよい。すなわち，M に対して式 (5.4) で行ったと同様に考えれば

$$Q_i = P_C \eta_C + P_D \eta_D = \left(1 - \frac{x}{\lambda}\right)\eta_C + \frac{x}{\lambda}\eta_D = \eta_C + \frac{\eta_D - \eta_C}{\lambda} x \tag{5.23}$$

ここに，η_C, η_D はそれぞれ式 (5.21)，(5.22) の Q_i の影響線（図 5.15 (b) 参照）の点 C, D における影響線縦距，λ は図 5.14 に示す CD 間の距離である。式 (5.23) は x の 1 次式であり，区間 CD で Q_i の影響線は直線であることを表している。したがって，区間 CD の影響線は図 5.15 (b) に示すように点 C の η_C と点 D の η_D の 2 点を結べばよい（式 (5.23) に $x=0$, $x=\lambda$ を代入して確かめよ）。

点 i の曲げモーメントの影響線も，これとまったく同じ考え方で求められ，図 5.15（c）の点 C，D の影響線縦距をそれぞれ η_C，η_D とすると，式（5.23）で Q_i の代わりに M_i とおいた式となり，影響線は図 5.15（c）のようになる。

以上のように，間接載荷されるはりの影響線は，初めに直接載荷されるはりの影響線を求めておき，次に，注目する点上の床桁区間では，その両端での影響線を直線で結べばよいということになる。次節で述べるトラスの部材力の影響線もこれと同じように考えて求めることができる。

図 5.16 は等分布荷重満載のはりの M，Q 図で，この場合も直接載荷の場合の断面力をもとに作図できる（図 4.11 参照）。

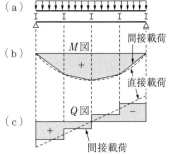

図 5.16 等分布荷重の間接載荷

5.5 単純トラス部材力の影響線

トラス部材を設計するときにも，各部材に最大応力が生じる載荷状態を知る必要がある。これを求めるために影響線を利用する。**図 5.17** の平行弦ワレントラスを例に，部材力の影響線を求めよう。荷重は床組の横桁からトラス下弦材格点に間接載荷されるものとする。単純トラス部材の影響線を求めるとき，長さの等しい単純ばりの影響線（図 5.2）が利用できる。

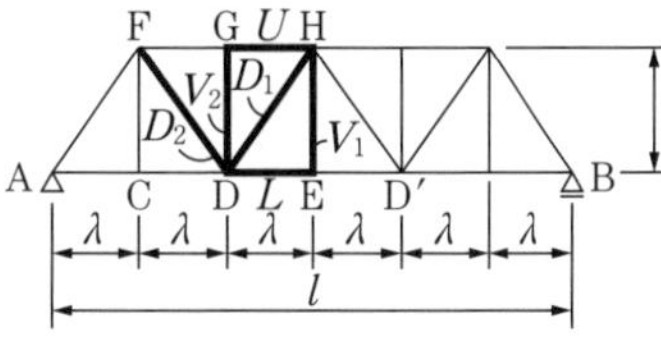

i）上弦材 U　部材力 U を求めるために，図 5.18（a）のように部材の位置でトラスを切断し，部材力 U を仮定する。単位荷重 $P=1$ が AD 間にあるとき，点 D の右側トラス部分のつりあいより

$$\sum \widehat{M}_{(D)} = -Uh - R_B b = 0$$

$$\therefore U = -\frac{R_B b}{h} = \frac{-M_D}{h} \quad \cdots (\text{a})$$

図 5.17 平行弦ワレントラス

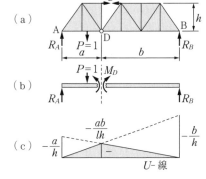

図 5.18 上弦材の影響線

ここで，$M_D = R_B b$ は，図 5.18（b）のように，トラス全体を単純ばりと考えた場合の点 D における曲げモーメントを表している。$P=1$ が DB 間にある場合

$$U = -\frac{R_A a}{h} = \frac{-M_D}{h} \quad \cdots (\text{b})$$

となり，結局トラス部材力 U の影響線は，単純ばり AB の点 D における曲げモーメントの影響線を $(-h)$ で割ることによって得られることがわかる（図 5.2（d）参照）。これを図 5.18（c）に示す。このトラスに等分布荷重 q が満載されたときの部材力 U は，q といま求められた影響線面積 $[-ab/(lh) \times l/2]$ との積，$-qab/(2h)$ で求められる（5.2.1 項〔5〕参照）。また，下向きの荷重に対して，

上弦材はつねに負の部材力，すなわち圧縮力を発生することがわかる．

ii）下弦材 L　上弦材の場合と同様，部材 L の位置で切断し，引張力 L を仮定すると（図 5.19（a））

$$L = \frac{M_H}{h} \quad \cdots (c)$$

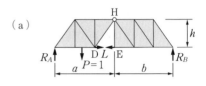

ここに，M_H はトラス全体を単純ばりにおきかえたときの曲げモーメントで，それを h で割ったものが図（b）に示すトラス部材力 L の影響線となる．単位荷重が格点間にあるとき，すなわち間接載荷のときも，直接載荷されたときの反力 R_A，R_B と変わらないから，はりの M - 線が連続的に利用できる．影響線はどの位置でも正であるので，部材力 L には荷重がどこに作用しても引張力が生じることがわかる．

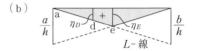

図 5.19　下弦材 L の影響線

iii）斜材 D_1　図 5.20（a）に示す斜材 D_1 は水平線から θ だけ傾いているとする．この斜材 D_1 を含む格間 DE の構造断面を t-t で切断し，図（b）に示すはりにおきかえてせん断力 Q_t を求める．ここで，はりの Q_t と D_1 には次の関係がある．

$$Q_t = -D_1 \sin\theta$$
$$\therefore \quad D_1 = \frac{-Q_t}{\sin\theta} \quad \cdots (d)$$

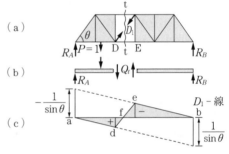

このように，斜材 D_1 の影響線は，はりのせん断力 Q_t を $-\sin\theta$ で割ったものとしてただちに得られる．単位荷重が DE 間にあるときには，式（5.23）のように，点 D と点 E の影響線を直線補間した図となる（図 5.20（c））．この図より，集中荷重がトラスの DE 間を移動する場合，部材力 D_1 は圧縮力から引張力へ（またはその逆に）変化することがわかる．このような部材を**交番応力**（**alternate stress**）を発生する部材という．また，分布荷重 q がトラス上を移動する場合，設計ではこの部材 D_1 に最大圧

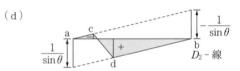

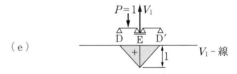

図 5.20　トラス部材力 D_1，D_2，V_1 の影響線

縮力を生じる状態を想定するが，そのときには分布荷重をスパン全長にではなく，図（c）の区間 bf に載荷させなければならない．この場合の圧縮力 D_1 は $q \times$（△feb の面積）として得られる．

iv）斜材 D_2　この場合も，図 5.17 の斜材 D_2 の切断面での単純ばりのせん断力 Q_m の影響線を利用でき，符号に注意して

$$Q_m = D_2 \sin\theta \quad \therefore \quad D_2 = \frac{Q_m}{\sin\theta} \quad \cdots (e)$$

よって，影響線は図5.20（d）のようになる．図5.15（b）と比較されたい．

v）垂直材 V_1　図5.17の垂直材 V_1 は，図5.20（e）に示すように床桁DEとED'を点Eで支えているので，$P=1$ がおのおのの床ばりにあるときの反力の影響線そのものとなる（図5.2（b），（c）参照）．なお，図5.17の垂直材 V_2 は，トラスの下弦載荷を考えるならば，格点Gでのつりあいよりつねに $V_2=0$ である[1]．またほかのトラス形式の垂直材では，斜材と同じような働きをする場合がある（図3.13参照）．

以上，単純トラスの部材力の影響線について整理すると，（1）一般的な荷重に対し上弦材はつねに圧縮力を，下弦材はつねに引張力を発生し，（2）影響線は同じ長さのはりの曲げモーメントの影響線をもとに求められる．（3）斜材の影響線ははりのせん断力の影響線をもとに求められる．（4）斜材は荷重の移動に従って，引張りから圧縮へ，またはその逆へと部材力の変化が生じる．

5.6　トラスの全部材力をはりの M, Q 図から一括して求める

第3章では，トラス部材力を求めるのに，部材ごとにつりあい式を立てて計算してきた．第4章では，はりの M, Q 図を求めたが，前節5.5ではトラス部材の影響線を求めるのに，トラス全体をはりにおきかえて，トラス部材の影響線をはりの影響線から簡単に求めた．このようにトラス部材力は，それをはりにおきかえたときの M, Q の値と密接な関係があるから，それを利用するとトラス部材力を一括して求めることができる．以下では影響線には直接関係しないが，トラスの全部材力をはりの M, Q 図から一括して求める方法を考える．

図5.21（a）に示す下弦節点に載荷されるハウトラスを例に考えよう．このトラスを，同じ荷重を受ける図（b）の等価なはりにおきかえたとき，M 図は同図のように求められる．トラスの任意の節点を i，その隣を $j(=i+1)$ とおく．

〔1〕上弦材 U_{ij}　例として図（a）のトラスの節点2，3の上弦材の部材力を U_{23} とおくと，図5.18，式（a）（p.109）より

$$U_{23} = \frac{-M_2}{h}, \quad \text{一般に}\quad U_{ij} = \frac{-M_i}{h} \qquad \cdots\text{（f）}$$

U_{23} は，はりの点2の M_2 値×$(-1/h)$ として得られ，他の部材でも M 図を $(-1/h)$ 倍した修正 M 図を描けばトラス左端から中央までの部材力がただちに求められる（図5.21（c）の上側）．右端からも同様に点 i を順に中央に向かってとればよい．斜材の向きが逆となるプラットトラス（図3.6（d））では，部材力を求めるためのモーメントの中心点が点 i から点 j に変わるから，U_{ij} は点 j の修正 M 値となる．すなわち

$$U_{ij} = \frac{-M_j}{h}$$

---

[1]　この場合の垂直材の役割は荷重を支えるためではなく，図5.17の上弦材FHが圧縮力を受けるため，曲げ破壊（座屈）を生じやすく，部材の横変形を防止するためである．これがないとトラスは低い荷重で破壊する．

〔2〕**下弦材** L_{ij}　図（a）のトラスの節点2, 3の下弦材の部材力を L_{23} とおくと，図5.19, 式（c）（p.110）より

$$L_{23} = \frac{M_3}{h}$$

　　　　　　　　　　…（g）

一般に　$L_{ij} = \dfrac{M_j}{h}$

上弦材と同様に，はりの M 図を $(1/h)$ で修正して描けば，図5.21（c）の下側のように得られる。プラットトラスの場合は M の添字 j が i に代わり，$L_{ij} = M_i/h$ となる。

〔3〕**斜材，垂直材** D_{ij}, V_i, V_j　図5.21（a）の斜材 D_{23} は，斜材の水平線からの角度を θ とおくと図5.20（a），式（d）（p.110）より

$$D_{23} = -\frac{Q_{23}}{\sin\theta}$$

　　　　　　　　　　…（h）

一般的に　$D_{ij} = -\dfrac{Q_{ij}}{\sin\theta}$

よって，図5.21（d）に示すはりの Q 図を $(-1/\sin\theta)$ 倍した図を描けばよい。これを図5.21（e）の上側に示す。ただし，トラスの中央から右側は斜材の向きが逆になっているから，式（e）より，Q 図を $(1/\sin\theta)$ 倍する。中央から右の区間（4, 7）では，はりの Q の値は図（d）に示すように（−）側であるから，結局斜材 D は図（e）のようにすべて（−）側になる。プラットトラス（図3.6（d））では，図5.20（a）のハウトラスの斜材とはすべて逆向きになっているから，部材力の符号はすべて上記と逆になる。

　図5.21（a）の垂直材 V_3 の部材力は，V_3 と下弦材 L_{23} を横切るトラス切断線を入れてわかるように，節点2, 3間のはりの Q_{23} の値そのものであり，図（e）の下側のようになる。一般に $V_i = Q_{i-1,i}$ である。V_2 は点1, 2間の Q_{12} 値と同じである。中央点の垂直材の部材力は，左右の Q 値の差を考慮しなければならない。結果はその点の荷重値 $2P$ と一致する。プラットトラスの V_i, V_j は，それぞれ点 i, j 間および点 j, $j+1$ 間の $-Q$ 値となる（図3.13参照）。ただし，今度は中央点では0，支点から次の点2では左右の Q 値の差またはその点の荷重値 $2P$ となることに注意する。

　以上のように，トラスの部材力は，等価なはりの M 図の $(1/h)$ による修正値，Q 図の $1/\sin\theta$ による修正値からすべて求められた。ただし，斜材の向きに注意する。

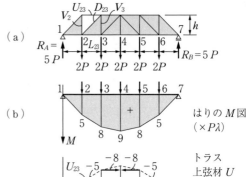
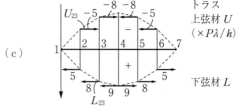
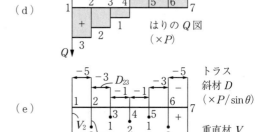

図5.21　トラス部材力のはり M, Q 図からの一括決定

工学的近似の話

（1）**ある現象**（例えば，荷重，内部応力の分布など）が**図1**の幅をもった曲線 AB で表せるとする。工学ではこれを安全な範囲で $y=$ 一定の直線 ① のように単純に近似することがある。材料は多少無駄になるが，全体コストと単純化による取扱いやすさを考えると，このほうが合理的になるからである。曲げモーメントは変化するが，等断面のはりを用いる場合がこれに相当する。余分な材料によるコストや自重が問題となる場合，直線 ② のように傾きをつける。さらに厳しい条件下では，曲線 ③ とすることもある。

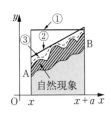

図1 工学的近似

（2）**数学的近似**として次式がよく用いられる。

$$f(x+a) = f(x) + f'(x)a + f''(x)a^2/2! + \cdots \qquad \cdots (\text{a})$$
$$(1+x)^n = 1 + nx + n(n-1)x^2/2! + \cdots \qquad \cdots (\text{b})$$

式（a）は関数 $f(x)$ の**テイラー展開**（**Taylor expansion**）で，図1の直線 ① は式（a）の第1項＋（一定値），直線 ② は傾き $f'(x)$ を考慮，曲線 ③ は高次項を含めた場合に相当する。式（b）は**二項定理**（$f(x)=(1+x)^n$ の**マクローリン展開**（**Maclaurin expansion**））で，$x \ll 1$ のとき第2項までの近似式がよく用いられる。

（3）$\sin\theta = \theta$，$\cos\theta = 1$ の誤差は？

力学関係の書物には"高次の微小量であるから省略する"とか，"θ が小さいとき $\sin\theta=\theta$，$\cos\theta=1$ とおけて"などの表現が出てくる。一体，微小量とはどの程度をいうのか，$\sin\theta=\theta$ とおける θ は何度ぐらいまで許されるのであろうか。

$\sin\theta$ および $\cos\theta$ のテイラー展開は（θ：ラジアン単位 ＝（角度）$° \times \pi/180°$）

$$\sin\theta = \theta - \theta^3/3! + \theta^5/5! - \cdots \qquad \cdots (\text{c})$$
$$\cos\theta = 1 - \theta^2/2 + \theta^4/4! - \cdots \qquad \cdots (\text{d})$$

この式の第1項までの近似誤差は関数付き電卓で簡単に計算でき，誤差は $|\theta - \sin\theta|/\sin\theta$ で求めればよい。$\cos\theta$ についても同様である。これらを**表1**に示す。同表によれば，微小とは思われない大きさの角度（例えば $4.4°$）でも $\sin\theta=\theta$ とおいたときの誤差は 0.1% ほどである。また，$\cos\theta=1$ とおいたときも，目に見える角度（$2.5°$）でも誤差は 0.1% ほどで，これらの $\sin\theta$，$\cos\theta$ の第1項までの近似でも工学上十分な誤差範囲内ということができる（角度と誤差の関係をグラフ用紙に示せ）。

表1 $\sin\theta=\theta$，$\cos\theta=1$ の近似誤差

角度	θ（ラジアン）	$\sin\theta$	誤差〔%〕	$\cos\theta$	誤差〔%〕
$10°$	0.174 5	0.173 6	0.51	0.984 8	1.54
$4.4°$	0.076 7	0.076 7	0.10	0.997 1	0.30
$2.5°$	0.043 6	0.043 6	0.03	0.999 0	0.10
$1°$	0.017 5	0.017 5	0.00	0.999 8	0.02

第6章
構造物の安定および静定・不静定

構造物は，適切な支持方法によって安定な基礎構造に支持しなければ不安定な構造となる。また，支持点には反力が生じるが，その数が力のつりあい式より多い場合には，反力を簡単に求めることができず，構造物の力学的特性も異なってくる。本章では2.5節で学んだ構造物の支持形式や，部材の結合方法によって定まる構造物の安定性や静定，不静定性について学ぶ。

6.1 単一構造の安定性と静定性

平面内にある物体の一般的な動きは，図6.1に示すようにもとの位置 ab から a′b′ への平行運動と a′b′ から a″b′ への回転運動とに分けられる。平行運動は運動の方向と移動距離の二つが与えられれば定まるから，これを図中の水平 u と鉛直 v の二方向の成分で表してもよい。すなわち，平面内の運動には回転，水平，鉛直方向の合計三つの運動成分があり，**自由度**（**degree of freedom**）は3である。したがって，外力の作用下の物体を静止させるには，これら3成分の運動を拘束する必要がある。すなわち，自由度1に対して，運動の1成分を拘束するときを**拘束度**（または**拘束次数**）1と呼ぶことにすると，安定な構造を得るためには，少なくとも拘束度3が必要である。

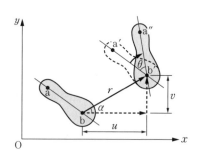

図6.1　単一構造の運動

図6.2は**リンク**（link）3本を用いて一つの物体の運動を拘束した例を示している。したがって拘束度は3である。外力の作用によって各リンクにはそれぞれ一つの未知反力が生じるが，静止，安定なつりあい状態にある構造では，2.2節で述べたように，反力を含めて物体に作用するすべての力の間には式 (2.7 a, b) の三つのつりあい式 $\sum H = 0$, $\sum V = 0$, $\sum M = 0$ が成り立っている。式の数が三つあるのは，物体の三つの運動の自由度（水平，鉛直，回転運動）に対応しているからである。したがって，拘束度3で固定され，三つの未知反力をもつ構造は未知数の数と方程式の数が一致し，つりあい式だけから反力を求めることができる。このような構造を**静定構造**

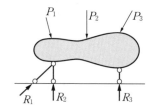

図6.2　静定構造

という。もし，拘束度が3より大きいときには，未知反力の数がつりあい条件式の数以上となるから，そのときには構造物上のある点の変形量を考慮した条件式をつけ加えなければならず，解法が複雑になる。このような構造を**不静定構造**と呼ぶ（その解法の詳細は第8章♠以降で学ぶ）。

拘束度が2以下の場合には，図6.3に示すように，構造物に回転や移動が生じ，安定な静止状態が得られないから**不安定構造**（unstable structure）となる。

以上をまとめると，一つの構造物において，たがいに独立な反力の数（拘束度またはリンクの数）をrとするとき次式となる。

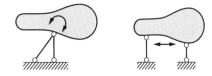

図6.3 拘束度2の不安定構造

（1） $r<3$　　不安定
（2） $r=3$　　静　定 ⎱
（3） $r>3$　　不静定 ⎰ 安定　　　　(6.1)

$r>3$の場合$n=r-3$を**不静定次数**（degree of statically indeterminateness）といい，このような構造を**n次の不静定構造**という。一般的な構造物の支持形式と拘束度については表2.1 (p.23) にまとめられているので参照されたい。

$r≧3$の構造でも架設途中など，特別な場合には不安定となることがある。例えば，図6.4（a）のはりは，拘束度4のはりであるが，横方向に移動を生じる。また図（b）の物体は点Oを中心に回転運動が可能である。このように構造物が安定であるためには，反力がすべて平行となることは許されず，また反力の方向が同じ1点で交わってもいけない。したがって，$r=3$は安定であるための必要条件であって十分条件ではない。

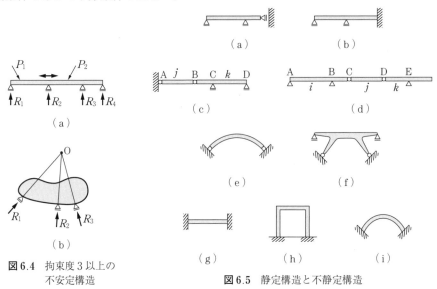

図6.4 拘束度3以上の不安定構造

図6.5 静定構造と不静定構造

問 6.1 図6.5の各構造物の静定性を判定せよ（構造物の支持記号とそのリンク数r（拘束次数）は，表2.1 (p.23) を参照し，図6.5の図中の支点記号にリンク数rを記入せよ）。$r>3$の場合，不静定次数nを示せ。また2部材からなる静定な構造を考えられるだけ示せ。

6.2 複数部材からなる構造およびトラスの安定性と静定性

6.2.1 全体的安定性

1本の部材が静定であるための拘束度rは3であるから，部材数mからなる構造が静定であるためには，$r=3m$なる拘束度が必要である．すなわち，複数部材からなる構造物全体の安定性の判定は

$$\left.\begin{array}{ll} r<3m & \text{全体的不安定} \\ r=3m & \text{全体的静定} \\ r>3m & \text{全体的不静定} \end{array}\right\}\text{全体的安定}$$

（不静定次数：$n=r-3m$）　　(6.2)

となる．この場合も$r \geqq 3m$は安定であるための必要条件であり，十分条件ではない．最も簡単な例として，2部材からなる静定構造の必要拘束度は式(6.2)より$r=6$であるから，考えられる形式は図6.6

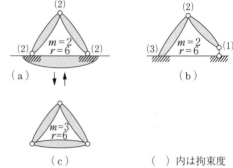

図6.6　2本部材の静定構造

(a)，(b)である．図(a)は3ヒンジアーチに用いられるほか，もし地盤も部材の一つと考えれば図(c)のようにトラスの原型ができる．図(b)は3種の異なった結合が用いられており，現実的ではない．

6.2.2 外的安定性と内的安定性

トラスやラーメン，アーチなどの構造は一般に複数の部材から組み立てられているが，橋などに用いられるときには，構造物の支持形式による構造全体の安定性の問題と，部材の結合様式による内部安定性の問題との二つに分けて考えることができる．前者を**外的静定性**といい，後者を**内的静定性**という．

〔1〕　**外的静定性**　　構造全体を一かたまりの物体と考えれば，その物体が地盤などの安定な基礎構造に対して静定かどうかは単一構造の場合とまったく同じである．よって，外的な拘束度をr_eとすると，式(6.1)より$r_e<3$のとき外的不安定，$r_e=3$のとき外的静定，$r_e>3$のとき外的不静

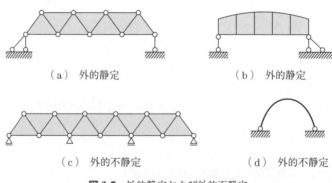

図6.7　外的静定および外的不静定

定となる。図6.7(a), (b)は外的静定, 図(c), (d)は外的不静定の例である。図(c)は連続トラスとして用いられる形式である。

〔2〕 **内的静定性**　内的静定性が問題となるのは、おもにトラス構造である。図6.8(a)～(c)はいずれも外的には静定構造であるが、図(a)は"外力の作用によって構造物の形状を保ちえない"ので内的不安定構造である。図(b)は内的静定, 図(c)は内的不静定構造である。内的静定構造は第3章"静定トラス"で学んだように支点反力が求められていれば、力のつりあいだけから容易に部材力を求めることができる。

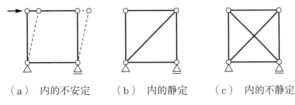

(a) 内的不安定　　(b) 内的静定　　(c) 内的不静定

図6.8　外的静定構造

内的不静定トラスは、今日ではほとんど造られないが、その部材力を求めるには、力のつりあい式に加えて、変位の連続性を考慮しなければならない（詳しくは第8章♠で学ぶ）。

つぎに内的静定性を考えてみよう。外的な拘束度を r_e, 内的な拘束度を r_i とおくと、全体的拘束度は, $r=r_e+r_i$ となるから、これを式(6.2)に代入して整理すると

$$\left.\begin{array}{ll} r_i < 3m-r_e & \text{内的不安定} \\ r_i = 3m-r_e & \text{内的静定} \\ r_i > 3m-r_e & \text{内的不静定} \end{array}\right\} \text{内的安定} \tag{6.3}$$

ここに, m は部材数である。上式も内的安定の式は十分条件ではない。

6.2.3 トラスの内的静定性

最も簡単な内的静定トラスは、図6.9(a)に示す部材数 $m=3$, ヒンジ数 $h=3$ の基本トラス構造である。これは図6.6(a)に示した2本部材からなる全体的静定構造に加え、支持地盤（あるいは地球）を1本の部材と見なした場合に相当する。これを、図6.6(c)に示すような空間に浮かんだ独立構造の内的静定性の判定に応用しよう。この3本構造全体の部材のうちの1本を基準物体（基礎地盤）と考え（図6.6(a)）、残りの部材 $(m-1)$ について全体的安定性を式(6.2)より調べればよいことになる。すなわち

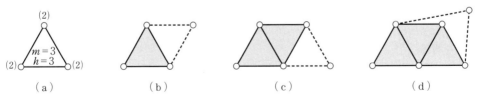

(a)　　　　(b)　　　　(c)　　　　(d)

図6.9　内的静定トラス

$$r < 3(m-1) \quad \text{内的不安定}$$
$$\left.\begin{array}{l} r = 3(m-1) \quad \text{内的静定} \\ r > 3(m-1) \quad \text{内的不静定} \end{array}\right\} \text{安定} \quad (6.4)$$

これは式 (6.3) で $r_e = 3$ とおいた場合に相当する。図6.9 (a) のトラスは $m=3$, $r=6$ であるから上式より $r=3(m-1)$ となって内的静定である[1]。しかしながら，以上の説明は直観的に理解しにくいところがある。そこでこれに代わる方法を以下に述べよう。

トラスの場合は，拘束度 r を計算するより，**ヒンジ数 h** によって静定性を調べたほうが便利である[2]。例えば，図6.9 (a) の基本トラス（部材数 $m=3$, ヒンジ数 $h=3$）に2本の部材と1個のヒンジを設ければ，これも静定なトラスとなる（図 (b)）。さらに部材 $m=2$ 本に対し，ヒンジ $h=1$ の割で三角形を順次つくっていくと任意形状の静定トラス構造ができる（図 (c)，(d)）。よって内的静定トラス全体の部材数を m，ヒンジ数を h とすると，初めの基本トラス（$m=3$, $h=3$）を差し引いた部材数 $(m-3)$ とヒンジ数 $(h-3)$ の比はつねに 2：1 となる。よって

$$\frac{m-3}{h-3} = \frac{2}{1} \quad \therefore \quad m = 2h - 3$$

の関係がある。したがって，次式となる。

$$\left.\begin{array}{l} m < 2h - 3 \quad \text{内的不安定トラス} \\ m = 2h - 3 \quad \text{内的静定トラス} \\ m > 2h - 3 \quad \text{内的不静定トラス} \end{array}\right\} \text{安定} \quad (6.5)$$

$m > 2h-3$ であっても不安定なヒンジ構造となる場合がある。例えば，**図6.10** は $m = 2h - 3$ が成り立つが不安定である。よって式 (6.5) は必要条件であって十分条件ではない。

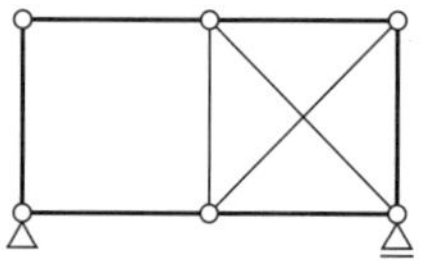

図6.10　$m=2h-3$ なる不安定構造（$m=9$, $h=6$, $(2h-3=9)$）

6.3　アーチの静定性

アーチの代表的形式には**図6.11**に示すようなものがあり，これらの解法は，第9章♠で学ぶ。アーチの静定性の判定は前節までに学んだ知識によって容易に行うことができる。

図6.11 (a) は図6.6 (a) と同じ形であり，静定である。図6.11 (b) の2ヒンジアーチ，および図 (d) の固定アーチも単一構造の静定性の判定式 (6.1) より，それぞれ1次および3次の不静定である。図6.11 (c) は部材数 $m=2$，拘束度 $r=8$ を式 (6.2) に代入して $n=2$ を得るので2次の不静定である。図 (e) のタイド・アーチは静定構造にタイによる拘束度が1加わるから結局1次の不静定となる。あるいは式 (6.2) に $m=2$, $r=3+4$（タイ両端のヒンジによる）を代入しても同じ結果を得る。

---

1) あるいは別の考え方として，図6.6 (c) の独立物体を外部安定構造に静的に固定する（拘束度が3増える）と全体的拘束度は $r+3$ となる。これを式 (6.2) の r におきかえて整理すると式 (6.4) となる。
2) トラスは一つのヒンジに3本以上の部材が集まることが多く，その際には図6.6 (a) のように一つのヒンジがつねに拘束度2を表すことがないので全体の拘束度 r の計算が複雑になる。

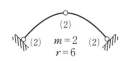
（a）3ヒンジアーチ（静定）

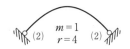
（b）2ヒンジアーチ（1次不静定）

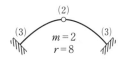
（c）1ヒンジアーチ（2次不静定）

（d）固定アーチ（3次不静定）

（e）タイド・アーチ（1次不静定）

（　）内は拘束度

図6.11　アーチの静定・不静定

6.4　ラーメンの不静定次数

ラーメンは各部材端部が拘束度3で剛結されて組み立てられた構造であり，一般に高次の不静定であるので不静定次数を知る意味はあまりないが，ここでは簡単なラーメンを対象に調べてみよう（ラーメン構造の特徴が10.1節♠に述べられている）．

図6.12（a）のラーメンは図（b）に示すように部材数 $m=3$，拘束度 $r=12$ であるから，式（6.2）より $n=3$，すなわち3次の不静定である．同じラーメンは3本の剛結部材を1本の部材とみなすと（図（c）），$m=1$，$r=6$ となり同じく $n=3$ を得る．

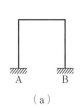
（a）

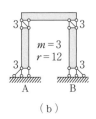
（b）

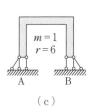
（c）

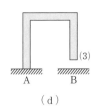
（d）

図6.12　門形ラーメン

もっと簡単には，図（d）のように，ラーメン柱端Aのみ固定し，B端は切断した構造を考える．この構造は部材1本が一端のみで剛結されているので，明らかに静定構造である．もとの構造，図（a）は点Bで，拘束度3で固定されていたから，静定とするためにはこの拘束度3が余分であった．したがって，もとの構造は3次の不静定ということになる．このように，ある不静定構造を不安定とならない適当な位置で切断し，いったん静定構造にした後，切断位置の拘束度を合計すれば，その構造の不静定次数が容易に求められる．本書では，これを**不静定切断法**（**statically indeterminate cutting method**）と呼ぶ．

複数の部材が集まる構造でも，**図6.13**（a）のように一つの部材が $r=3$ で順に剛結されて組み立てられた構

$m=4$, $r=3m$
（a）静定樹木構造

（b）樹木は静定構造である

図6.13

造は，式 (6.2) から $r=3m$ となり静定である．自然界では図 (b) の樹木は幹や枝をおのおの部材とみなすと静定構造であるといえる．よって，図 (a) のような構造は**静定樹木構造（statically determinate tree structure**）ということができる．

不静定切断法により**図 6.14** のラーメンの不静定次数を調べよう．図 (a) の山形ラーメンを図中に示した位置で切断すると 4 本の静定樹木ができる．3 か所の切断点には，それぞれ三つの拘束度があったから，合計 9 次の不静定となる．同様に，図 (b) のラーメンのはりを切断して静定樹木とすると $3×6=18$ の拘束度が不静定次数となる．さらに，図 (c) はヒンジ点を剛結とみなし，かわりに拘束度（−1）を与えて，同様の計算を行うと 9 次の不静定となる．

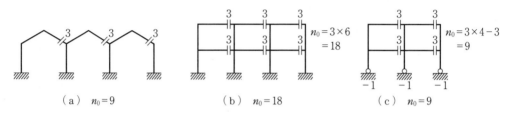

（a） $n_0=9$　　　　（b） $n_0=18$　　　　（c） $n_0=9$

図 6.14　ラーメンの不静定次数

問 6.2 図 6.15 に示す三つの構造はいずれも外的静定構造である．不静定切断法により内的不静定次数を判定せよ．

 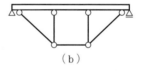 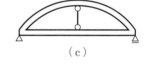

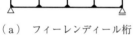

（a） フィーレンディール桁　　　　（b）　　　　（c）

図 6.15　内的不静定構造

6.5　不静定構造物の特性

静定構造と不静定構造の基本的な違いは，すでに述べてきたように，前者が力のつりあいだけで反力や断面力を計算できるのに対し，不静定構造では，力のつりあい条件式の数以上に未知反力または部材力数をもつために，例えば支点で変位が 0 となる条件や部材の結合点でたわみ角が連続する条件（変形の適合条件）を考慮する必要があることである．すなわち，不静定構造の解析には，未知反力や部材力を含んだ変形量を計算しなければならないために，解を得ることはかなりやっかいになる．しかも，静定構造では支点の沈下や温度変化が生じたとき，変形を拘束することなく，自由に動くことができるので，これらによる応力は生じないが，不静定構造では新たな反力や部材力が生じるので，設計ではこれによる応力を別に求めておかなければならない．

それにもかかわらず，不静定構造物にはなお多くの利点がある．第一に，1.6 節で述べたように，構造物の備えるべき要件には，安全性，経済性，機能性，美観などがあるが，不静定構造では部材断面寸法が小さくてすむため経済的に有利である．例えば，**図 6.16**（a）に示す等分布荷重を

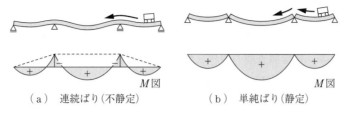

(a) 連続ばり（不静定）　　　　　（b) 単純ばり（静定）

図 6.16　連続ばりと単純ばりの曲げモーメント図

受ける 3 径間連続ばりの曲げモーメントの最大値は，図（b）の単純ばりの曲げモーメントの値の約半分に減らすことができるため，部材断面が小さくでき，自重も減る。

　第二に，強度と安全性のうえからも不静定構造は有利である。静定構造物では，力学的な単純さのゆえに，部材応力が明確に把握できる反面，トラスのように複数の部材からなる構造では，構成部材のいずれか 1 本の破損が構造全体の破損につながり，また，構造全体の強度が最も弱い部材の強度に支配される。これを模式的に表したのが図 6.17 である。図（a）の**直列構造**（**series structure**）が静定構造を，図（b）の**並列構造**（**parallel structure**）が不静定構造を表している。破壊の確率も直列構造のほうが当然高くなる。

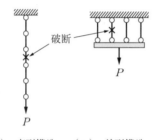

(a) 直列構造　　　(b) 並列構造
　　（静定構造）　　　（不静定構造）

図 6.17　直列構造と並列構造

　別の例として，曲げ部材を考えよう。部材の曲げ変形能力が図 4.45 に示したような曲げモーメント-曲率（M-ϕ）関係で与えられるとき，集中荷重を受ける静定ばりの荷重（P）-たわみ（δ）関係は図 6.18（a）のようになるのに対し，降伏荷重 P_1 が同じになるように設計された不静定ばりでは，図（b）のように載荷点または固定点のいずれか一つが全塑性モーメント M_p に達した後にも，はりの変形に伴って耐荷力は上昇し，第 2 の点が M_p に達して初めて，はりは最大耐荷力に至る。

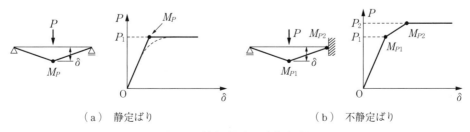

(a) 静定ばり　　　　　　　　　　(b) 不静定ばり

図 6.18　静定ばりと 1 次静定ばり

このように,不静定構造では**余剰耐力(redundant strength)**が期待でき,また**変形能(deformation capacity)**も一般に大きい。変形能や最大耐荷力が大きいことは,構造物の安全性を評価するうえできわめて重要であり,**性能照査型**の**限界状態設計法(limit state design)**と呼ばれる新しい設計法では,これらの性質も設計式にとり入れられつつある。

第三に,構造物の機能性の一つに,橋梁上の車両の走行性がある。図6.16(a)に示した連続桁では,大きな走行荷重に対して,中間支点上で桁は折れ角がなく,連続的に変形するので,滑らかな走行ができる。それによって橋に加わる衝撃やそれによって生じる騒音も小さくできる。一方,図(b)の単純ばりを並べた場合には,支点上でたわみ角が急変し,走行性が損なわれることがある。また,連続桁では継手構造が不要であるのに対し,単純桁では継手部の構造が複雑となり,雨水による腐食や振動による破損も生じやすく,また地震時には落橋しやすいため,最近の多径間の橋では耐震安全性の向上の観点からも連続形式を採用することが多くなっている。

多径間を渡る橋では,美観も一般に連続形式である不静定構造のほうが優れている。**図6.19**に示す,流れるようなプロフィールを静定構造で造ることは一般には困難である。

不静定構造には以上のように多くの優れた特性があるため,コンピュータによる構造解析法が発達した今日,安定した基礎支持構造物の建設技術力の向上と相まって,以前にも増して多くの構造物が不静定構造として建設されるようになった。しかし,実際の設計に当たっては長い期間に生じうる諸条件の変化を考慮し,構造の要所にヒンジなどの"変形の逃げ"を設けておくことが,ある状況の下ではかえって安全性を高めることになる,ということも留意しておくとよい。

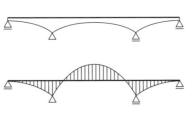

図6.19 連続構造形式の流麗なプロフィール

歩道橋(イタリア)

付　　録

ねじりを受ける部材

付図.1（a）に示す部材の x 軸のまわりに部材をねじろうとする力 M_T を**ねじりモーメント**（**torsional moment**）（トルク，**torque**）という。いま，図（a）の，部材のある断面 A のねじり回転角を左回りに θ とすれば，この断面から dx だけ離れた別の断面 B の回転角は $\theta + d\theta$ となり，図（b）に示すように，半径 r の円周上の点 a は a′ に，点 b は b″ に変位するとする。このとき，単位長さ dx 当たりのねじれ角の変化率は $\omega = d\theta/dx$ となり，これを**ねじり率**（**torsional ratio, angle of twist per unit length**）という。図（b）で，bb′ = $rd\theta$ であるから，∠b′a′b″ = $rd\theta/dx$ となり，これはせん断ひずみ $\gamma_{x\xi}$ を表す（図 2.27 参照）。すなわち，$\gamma_{x\xi} = rd\theta/dx$ となる。ここに，ξ は円周方向の座標軸である。よって，式（2.27）よりせん断応力は

$$\tau_{x\xi} = G\gamma_{x\xi} = Grd\theta/dx = Gr\omega \tag{付.1}$$

と表され，これが図（c）のように断面上の半径 r の周方向に生じ，これを全断面に積分した値が外力ねじりモーメント M_T とつりあっている。すなわち，微小円環要素面積 dA 上の力は $\tau_{x\xi}dA$，腕の長さは r であるから

$$M_T = \int_A \tau_{x\xi} r dA = \int_A (Gr\omega) r dA = G\omega \int_A r^2 dA = GI_P \omega = GI_P \frac{d\theta}{dx} \tag{付.2}$$

ここに，$I_P = \int_A r^2 dA$ はねじり軸のまわりの**断面 2 次極モーメント**（**polar moment of inertia of area**）と定義され，GI_P を**ねじり剛性**（**torsional rigidity**）という。図（c）の半径 R なる充実円断面の I_P は

$$I_P = \int_0^R r^2 dA = \int_0^R r^2 (2\pi r) dr = \pi R^4 / 2 \tag{付.3}$$

設計等で，一般には上記ねじりモーメント M_T を T で，断面 2 次極モーメント I_P を J と表すことが多い。J を**ねじり定数**（または**サン・ブナンのねじり定数**）と呼ぶ。

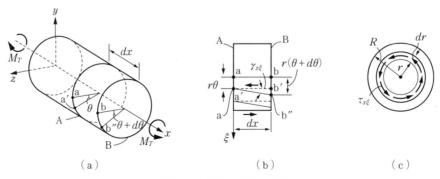

付図.1　ねじりを受ける部材

実構造でねじりを問題にするのは，おもに J の値が大きく，ねじりに抵抗するよう設計された円形や箱形の閉断面部材で，半径 r，板厚 t の円形薄肉断面では，$J=2\pi r^3 t$，薄肉箱型断面（縦 a，横 b）では，$J=2a^2b^2t/(a+b)$ となる．また厚さ t_i，幅 b_i の薄板の集合断面では，$J=\left(\sum_{i=1}^{n} b_i t_i^3\right)/3$（詳細は文献 14, p193〜198 参照）．またコンクリート部材のような幅 b，高さ d の長方形断面では d/b の値によって変化し，$J=b^3 d/\eta$（$d=b$ のとき $\eta=7.11$，$d=2b$ のとき $\eta=4.37$，$d/b=\infty$ のとき $\eta=3.0$）となる．

付表1 単純ばりおよび片持ばりのせん断力 Q，曲げモーメント M，たわみ v および支点におけるたわみ角（$\zeta=x/l$，$\zeta'=1-\zeta$，$x'=l-x$）

図	Q	M, M_{max}（その生じる断面）	EIv	支点のたわみ角 $EI\theta_A$	$EI\theta_B$
単純ばり 集中荷重 P（距離 a, b）	$\dfrac{Pb}{l}(0\leq x\leq a)$ $-\dfrac{Pa}{l}(0\leq x'\leq b)$	$\dfrac{Pb}{l}x(0\leq x\leq a)$ $\dfrac{Pa}{l}x'(0\leq x'\leq b)$	$\dfrac{Pa^2b^2}{6l}\left(2\dfrac{x}{a}+\dfrac{x}{a}-\dfrac{x^3}{a^2b}\right)$ $(x\leq a)$ $\dfrac{Pa^2b^2}{6l}\left(2\dfrac{x'}{b}+\dfrac{x'}{a}-\dfrac{x'^3}{ab^2}\right)$ $(x'\leq b)$	$\dfrac{Pab(l+b)}{6l}$	$-\dfrac{Pab(l+a)}{6l}$
等分布荷重 q	$\dfrac{ql}{2}(1-2\zeta)$	$\dfrac{ql^2}{2}(\zeta-\zeta^2)$ $M_{max}=\dfrac{ql^2}{8}(\zeta=0.5)$	$\dfrac{ql^4}{24}(\zeta-2\zeta^3+\zeta^4)$ $EIv_{max}=\dfrac{5ql^4}{384}(\zeta=0.5)$	$\dfrac{ql^3}{24}$	$-\dfrac{ql^3}{24}$
三角分布荷重 q	$\dfrac{ql}{6}(1-3\zeta^2)$	$\dfrac{ql^2}{6}(\zeta-\zeta^3)$ $M_{max}=0.0642ql^2$ $(\zeta=0.577)$	$\dfrac{ql^4}{360}(7\zeta-10\zeta^3+3\zeta^5)$	$\dfrac{7ql^3}{360}$	$-\dfrac{8ql^3}{360}$
端モーメント M_A	$-\dfrac{M_A}{l}$	$M_A(1-\zeta)$	$\dfrac{M_Al^2}{6}(2\zeta-3\zeta^2+\zeta^3)$ $EIv_{max}=0.0642M_Al^2$ $(\zeta=0.423)$	$\dfrac{M_Al}{3}$	$-\dfrac{M_Al}{6}$

図	Q	M, M_{max}（その生じる断面）	EIv	自由端のたわみ, たわみ角 EIv_B	$EI\theta_B$
片持ばり 等分布荷重 q	$ql(1-\zeta)=ql\zeta'$	$-\dfrac{ql^2}{2}(1-\zeta)^2=-\dfrac{ql^2}{2}\zeta'^2$ $M_{max}=-\dfrac{ql^2}{2}(\zeta=0)$	$\dfrac{ql^4}{24}(6\zeta^2-4\zeta^3+\zeta^4)$ $=\dfrac{ql^4}{24}(3-4\zeta'+\zeta'^4)$	$\dfrac{ql^4}{8}$	$\dfrac{ql^3}{6}$
三角分布荷重 q	$\dfrac{ql}{2}(1-\zeta)^2$ $=\dfrac{ql}{2}\zeta'^2$	$-\dfrac{ql^2}{6}(1-\zeta)^3=-\dfrac{ql^2}{6}\zeta'^3$ $M_{max}=\dfrac{-ql^2}{6}(\zeta=0)$	$\dfrac{ql^4}{120}(10\zeta^2-10\zeta^3+5\zeta^4-\zeta^5)$ $=\dfrac{ql^4}{120}(4-5\zeta'^4+\zeta'^5)$	$\dfrac{ql^4}{30}$	$\dfrac{ql^3}{24}$
先端集中荷重 P	P	$-Pl(1-\zeta)$ $M_{max}=-Pl(\zeta=0)$	$\dfrac{Pl^3}{6}(3\zeta^2-\zeta^3)$	$\dfrac{Pl^3}{3}$	$\dfrac{Pl^2}{2}$
先端モーメント M	0	$-M$	$\dfrac{Ml^2}{2}\zeta^2$	$\dfrac{Ml^2}{2}$	Ml

付表2　各種の断面に対する重心の位置と断面の諸量

断面形	断面積 A	重心の位置	図中の軸に関する断面2次モーメント I	図中の軸に関する断面係数 W	図中の軸に関する断面2次半径 r
長方形	bh	$\dfrac{h}{2}$	$\dfrac{bh^3}{12}$	$\dfrac{bh^2}{6}$	$\dfrac{h}{\sqrt{12}}=0.2887h$
三角形	$\dfrac{bh}{2}$	$y_1=\dfrac{h}{3}$ $y_2=\dfrac{2h}{3}$	$\dfrac{bh^3}{36}$	$W_1=\dfrac{bh^2}{12}$ $W_2=\dfrac{bh^2}{24}$	$\dfrac{h}{\sqrt{18}}=0.2357h$
円形	$\pi r^2=\dfrac{\pi d^2}{4}$ $=0.7854d^2$	$r=\dfrac{d}{2}$	$\dfrac{\pi d^4}{64}=\dfrac{\pi r^4}{4}$ $=0.0491d^4$ $=0.7854r^4$	$\dfrac{\pi d^3}{32}=\dfrac{\pi r^3}{4}$ $=0.0982d^3$ $=0.7854r^3$	$\dfrac{r}{2}=\dfrac{d}{4}$
半円形	$\dfrac{\pi r^2}{2}=1.571r^2$	$y_1=0.4244r$ $y_2=0.5756r$	$r^4\left(\dfrac{\pi}{8}-\dfrac{8}{9\pi}\right)$ $=0.1098r^4$	$W_1=0.2587r^3$ $W_2=0.1908r^3$	$0.2643r$
放物線形	$\dfrac{2}{3}BH$	$y_1=0.4H$ $y_2=0.6H$	$0.04571BH^3$	$W_1=0.1143BH^2$ $W_2=0.07619BH^2$	$0.2619H$
放物線形	$\dfrac{2}{3}BH$	$y_1=\dfrac{3}{8}H$ $y_2=\dfrac{5}{8}H$	$0.03958BH^3$	$W_1=0.1056BH^2$ $W_2=0.06333BH^2$	$0.2437H$

付表3　たわみ角法の荷重項

	C_{AB}	C_{BA}	H_{AB}	H_{BA}
	$-\dfrac{Pab^2}{l^2}$	$\dfrac{Pa^2b}{l^2}$	$-\dfrac{Pab(l+b)}{2l^2}$	$\dfrac{Pab(l+a)}{2l^2}$
	$-\dfrac{ql^2}{12}$	$\dfrac{ql^2}{12}$	$-\dfrac{ql^2}{8}$	$\dfrac{ql^2}{8}$
	$-\dfrac{qa^2}{12l^2}(6l^2-8al+3a^2)$	$\dfrac{qa^3}{12l^2}(4l-3a)$	$-\dfrac{qa^2(2l-a)^2}{8l^2}$	$\dfrac{qa^2(2l^2-a^2)}{8l^2}$
	$-\dfrac{ql^2}{30}$	$\dfrac{ql^2}{20}$	$-\dfrac{7ql^2}{120}$	$\dfrac{ql^2}{15}$
	$\dfrac{Mb(2l-3b)}{l^2}$	$\dfrac{Ma(2l-3a)}{l^2}$	$\dfrac{M(l^2-3b^2)}{2l^2}$	$\dfrac{M(l^2-3a^2)}{2l^2}$

参 考 文 献

〔1〕 野村卓史：構造力学（土木・環境系コアテキストシリーズ B-1），コロナ社（2011）
〔2〕 﨑元達郎：構造力学（第2版）上，下，森北出版（2012）
〔3〕 伊藤　學：構造力学，森北出版（1976）
〔4〕 大島俊之 編著：構造力学（現代土木工学シリーズ1），朝倉書店（2002）
〔5〕 宮本　裕：構造工学（第3版），技報堂出版（2007）
〔6〕 嵯峨　晃，武田八郎，原　隆，勇　秀憲，構造力学Ⅰ，Ⅱ（環境・都市システム系教科書シリーズ 4，5），コロナ社（2002，2003）
〔7〕 上田耕作：計算の基本から学ぶ土木構造力学，オーム社（2013）
〔8〕 S. P. Timoshenko, D. H. Young 共著（長谷川節訳）：構造力学〈上〉〈下〉，（理工学海外名著シリーズ 12），ブレイン図書出版（1974）
〔9〕 A. Pfluger（成岡昌夫他訳）：骨組構造の静力学，技報堂出版（1983）
〔10〕 S. P. Timoshenko, J. M. Gere：Mechanics of Materials, D. Van Nostrand Co., （1972）
〔11〕 D. Seward：Understanding Structures, Analysis, Materials, Design, Third Edition, Palgrave Macmillan, Great Britain（2003）

以上が構造力学の参考書であるが本書をまとめるうえで〔10〕からは多くの影響を受けた。〔9〕はドイツにおける構造力学の基本的考えが明確に出されており興味深い。〔11〕は挿絵が非常に多く，欧米でよく出ている本である。

以下は，構造力学関連の参考書で，本書の第2章に関連した参考文献として〔12〕，〔13〕がある。また〔14〕，〔15〕，〔16〕は構造力学に関連した多くの内容が含まれている。〔17〕，〔18〕は構造力学の歴史を知るうえで非常に面白い。〔19〕は構造設計の考え方が多くの図で示されており若き設計者には一読の価値がある。

〔12〕 Y. C. Fung（大橋義夫他訳）：連続体の力学入門，培風館（1981）
〔13〕 山口柏樹：彈・塑性力学，森北出版（1979）
〔14〕 伊藤　學：改訂 鋼構造学（増補）（土木系大学講義シリーズ11），コロナ社（2011）
〔15〕 土木工学会編，池田尚治・小柳　治・角田興史：鉄筋コンクリートの力学（新体系土木工学 32），技報堂出版（1982）
〔16〕 福本唀士：構造物の座屈・安定解析（新体系土木工学 9），技報堂出版（1982）
〔17〕 S. P. Timoshenko（最上武雄監訳／川口昌宏訳）：材料力学史，鹿島出版会（1974）
〔18〕 E. Torroja（木村俊彦訳）：現代の構造設計，彰国社（1969）
〔19〕 伊藤　學監修，久保田善明 文・写真：橋のディテール図鑑，鹿島出版会（2010）
〔20〕 藤野陽三 監修：プロが教える橋の構造と建設がわかる本，ナツメ社（2012）

問 の 略 解

第1章

〔1.1〕 解答例

	鋼構造	コンクリート構造
材料強度	高強度 40〜80 kN/cm² (指一本の太さの鋼棒で約3 tf (小型乗用車2台分) 吊り下げられる。) ケーブルは 160〜180 kN/cm² (鋼の約4倍)	低強度。鋼の約1/10 (圧縮のみ, 引張強度は実設計では考えない)。 引張強度は鉄筋や鋼棒, 鋼ケーブルを入れて受け持たせる (鉄筋コンクリート；RC, プレストレスト・コンクリート；PC)。
単位重量	77 kN/m³ (コンクリートの約3.5倍)	23〜25 kN/m³ (水の約2.5倍)
材料の特性	伸び変形能力が非常に大きい。ある強度に達した後, 強度の上昇はない代わりに破断しないで大きな変形を生じるため, 構造内の力が他の場所に移って, 構造全体の安全度が高い。	圧縮しか持たないが, 高強度のコンクリートになるほど圧縮破壊が突発的に生じ危険なため, 引張りを受け持たせる鉄筋を少し弱めになるように入れておき, コンクリートの圧縮破壊の前に, 鉄筋の伸びで曲げ変形に抵抗させる。
部材の製作, 構造全体の製作	高度に品質管理された製鉄所で製作されるため, 精度, 信頼性は非常に高い。ガス切断, 溶接結合などによる加工が容易。 板材, H形鋼, 鋼管などの各種断面形状の規格品がいつでも手に入る。 　大型トラックに載る程度の大きさの構造ユニットを工場で作っておき, 構造物全体は, 現場で溶接またはボルトで組み立てる。工期が短い。	多くの場合, コンクリートは工場で練られミキサー車で現場に運ばれ, ポンプで打設される。セメント, 水, 骨材は任意に配合でき, 設計強度の範囲が大きい。しかし, 品質管理に注意が必要で, 製品のばらつきは鋼に比べ大きい。破壊の安全係数も鋼より大きくとる必要がある。鉄筋や型枠は比較的自由に配置できる。 　強度が出るまで打設後, 1〜4週間かかる。工場で部品をあらかじめ作っておき, 現場でボルト結合することもある。
おもな使用場所とコスト	強度の割に軽量であるため, 長支間の橋, 高層ビル, 都市内の高架橋脚などに使われる。ケーブルを使うと, 吊り橋, 斜張橋などの超長支間の橋ができる。コンクリートに比べ高コスト。	構造物としてのコストが低い (鋼の約1/2)。低層構造物に向き, 短支間の橋, 郊外の高速道路橋脚, 道路橋床版, 基礎構造物のほとんど, ダムなど。吊橋, 斜張橋のタワー。
破壊の状況	材料が高強度のため, 部材は薄い板, 細長い部材でつくられている。 引張りには強いが, 圧縮により, 折れ曲がり (座屈) を生じやすく, これを防ぐような座屈設計が重要となる。	おもに乾燥収縮により, コンクリート製品には小さなクラック (ひび割れ) が生じやすい。これが大きくなると内部の鉄筋が腐食する。内部の骨材が変質することもある。 鉄筋コンクリートでは通常, 引張鉄筋で破壊するよう設計されているため, 曲げ破壊の荷重-変形は鋼はりに類似する。
補修, 廃材処理	地震の後など, 破損した部分を簡単にガス切断でき, 新たな部材の溶接接合や撤去, 補修が容易。撤去後の鋼材は, 溶かして再利用できる。	構造物の撤去ではコンクリート破砕機で砕くが, 時間がかかり, ほこり, 騒音が発生する。廃材の量も鋼に比べて多く, 処理費用が発生する。
その他の利点, 欠点	・錆びやすく, 何年かおきに塗装が必要 (塗費がかかる) ・振動しやすく, 鉄道構造物では疲労破壊や騒音が出やすい。	・低強度のため大きな断面が必要で, 重い。 ・塗装が不要で, 維持管理費が安い。 ・重くて振動しにくいので, 鉄道構造物に向く。

〔1.2〕，〔1.3〕，〔1.4〕略

第2章

〔2.1〕　$T_1 = -70$ kN, $T_2 = 35\sqrt{3}$ kN
〔2.2〕　$R_A = 13.33$ kN
〔2.3〕　$M = 200$ kN·m
〔2.4〕　図2.13（b）より $R_A = 90$ kN, $R_B = 30$ kN, $R_A + R_B = 120$ kN
〔2.5〕　$\sum V\uparrow = Q + V = 0$ ∴ $Q = -50$ kN, $\sum \vec{H} = -N - H = 0$ ∴ $N = -30$ kN,
　　　　$\sum \widehat{M}_{(A)} = M - V \cdot 3 + H \cdot 2 = 0$ ∴ $M = 90$ kN·m
〔2.6〕　（a）3，（b）5，（c）3，（d）6，（e）4
〔2.7〕　σ_{zx} は z 面に作用する x 軸方向の，σ_{yz} は y 面に作用する z 軸方向の応力。
〔2.8〕，〔2.9〕略
〔2.10〕　式（2.10）より2本のボルトの応力は等しい。応力とひずみは比例関係にある。よって，ひずみは等しい。また，式（2.18）よりひずみが一定のとき，変位はボルトの長さに比例する。
〔2.11〕　Δl に比例するのは l, P，反比例するのは A, E である。このほかに考慮すべき項目がなく，$\Delta l = lP/(EA)$ である。
〔2.12〕　y 方向の変位は，$\Delta l_y = \varepsilon_y l_y = -\nu \varepsilon_x l_y$，$z$ 方向の変位は $-\nu \varepsilon_x l_z$ である。変形後の体積 $V' = (l_x + \Delta l_x)(l_y + \Delta l_y)(l_z + \Delta l_z) = l_x l_y l_z (1 + \varepsilon_x)(1 - \nu \varepsilon_x)^2 \approx l_x l_y l_z (1 + \varepsilon_x - 2\nu \varepsilon_x)$（高次の微少量を無視）。よって，初めの体積 $V = l_x l_y l_z$ との比は $V'/V = 1 + (1 - 2 \cdot 0.3)\varepsilon_x = 1 + 0.4 \varepsilon_x$ である。また，体積変化がないとき $V'/V = 1 + (1 - 2\nu)\varepsilon_x = 1$ ∴ $\nu = 0.5$
〔2.13〕，〔2.14〕略
〔2.15〕　$\left(\boxed{\sigma_n} - \dfrac{\sigma_x + \sigma_y}{2}\right)^2 + \boxed{\tau_n}^2 = r^2$

第3章

〔3.1〕　①−，②＋，③−，④−，⑤＋
〔3.2〕　図3.11の部分トラスの点eのまわりのモーメントのつりあいにより
　　　　$\sum \widehat{M}_{(e)} = R_A \cdot 2\lambda - P\lambda - L\lambda = 0$ ∴ $L = 5P$（つりあい式の中に格点 g の荷重は入らない）
〔3.3〕　$\sum V\uparrow = R_A - 2P + V = 0$ ∴ $V = -P$
〔3.4〕　$\sum \widehat{M}_{(a)} = R_A l - L h = 0$ ∴ $L = 3Pl/h$
〔3.5〕　$\sum \vec{H} = T_4 \cos 30° + T_5 \cos 30° - T_1 \cos 30° = 0$ ∴ $T_4 + T_5 = T_1 = -7P$
　　　　$\sum V\uparrow = T_4 \sin 30° - T_5 \sin 30° - T_1 \sin 30° - T_3 = 0$ ∴ $T_4 - T_5 = T_1 + 2T_3 = -P$
　　　　両式から $T_4 = -4P$, $T_5 = -3P$
〔3.6〕　$\sum \vec{H} = -T_4 \cos 30° + T_8 \cos 30° = 0$ ∴ $T_8 = T_4 = -4P$
　　　　$\sum V\downarrow = T_4 \sin 30° + T_8 \sin 30° + T_7 = 0$ ∴ $T_7 = -(T_4 + T_8)/2 = 4P$
〔3.7〕　$\sum \widehat{M}_{(m)} = 5P \cdot 2\lambda - P\lambda - L \cdot 2h = 0$ ∴ $L = (9\lambda/2h)P$

第4章

〔4.1〕　（a）$R_A = P/3$, $R_B = -P/3$, $R_A + R_B = 0$
　　　　（b）$R_A = ql/4$, $R_B = 3ql/4$, $R_A + R_B = ql$
　　　　（c）$R_A = ql/6$, $R_B = ql/3$, $R_A + R_B = ql/2$
　　　　（d）$R_A = -20$ kN, $R_B = 20$ kN, $R_A + R_B = 0$
　　　　（e）$R_A = 86.7$ kN, $R_B = 153.3$ kN, $R_A + R_B = 240$ kN

(f) $R_A = 30$ kN, $R_B = 90$ kN, $R_A + R_B = 120$ kN
[4.2] 略
[4.3],[4.4] 本文 p.62 "曲げモーメント図とせん断力図の一般的特徴" 参照。
[4.5] 図4.9；$(bP/l)a - (aP/l)b = 0$, 図4.12；$32 \times 4 + 32 \times (5.6-4)/2 - 48 \times (4.4-2)/2 - 48 \times 2 = 0$
[4.6] 支点反力は[4.1]の解を参照。M, Q 図は**解図.1**に示す。

(a) $(0 \leq x \leq l/3)$：$M_x = R_A x = Px/3$, $Q_x = R_A = P/3$；$(l/3 \leq x \leq 2l/3)$：$M_x = (P/3)(l-2x)$, $Q_x = R_A - P = -2P/3$；x_2 を点Bから左向きにとると，$(l/3 \geq x_2 \geq 0)$：$M_{x2} = R_B x_2 = Px_2/3$, $Q_{x2} = -R_B = P/3$

(b) $(0 \leq x \leq l)$：$M_x = R_A x = (ql/4)x$, $Q_x = R_A = ql/4$；x_2 を点Bから左向きにとると，$(l \geq x_2 \geq 0)$：$M_{x2} = R_B x_2 - qx_2^2/2 = (q/4)x_2(3l-2x_2)$, $Q_{x2} = -R_B + qx_2 = (-q/4)(3l-4x_2)$；$dM_{x2}/dx = 0$ より $x_2 = 3l/4$, $M_{max} = (9/32)ql^2 = 0.281ql^2$

(c) [例題4.7], 図4.30(b), (c) 参照。

(d) $M_x = R_A x + 20 = 20(1-x)$ [kN·m], $Q_x = R_A = -20$ kN

(e) $(0 \leq x \leq 3\text{m})$：$M_x = R_A x = 260 x/3$ [kN·m] ($x = 3$m で $M = 260$ kN), $Q_x = R_A = 260/3$ kN；$(6\text{m} \geq x_2 \geq 0)$：$x_2$ を点Bから左向きにとる。$q(x_2) = (30 + 10x_2/3)$ [kN/m], $M_{x2} = R_B x_2 - (30x_2/2)(2x_2/3) - (qx_2/2)(x_2/3) = 10(x_2/18)(276 - 27x_2 - x_2^2)$, $Q_{x2} = -R_B + 20x_2 + qx_2/2 = 10(-92 + 18x_2 + x_2^2)/6$；$dM_2/dx = 0$ より $x_2 = 4.153$ m, $M_{max} = 338.3$ kN·m

(f) $(0 \leq x \leq 4\text{m})$：$M_x = R_A x - qx^2/2 = 30x - 10x^2$ ($x = 4$m で $M = -40$ kN·m), $Q_x = R_A - qx = 30 - 20x$ ($x = 4$m で $Q = -50$ kN), $dM/dx = 0$ より $x = 1.5$ m, $M_{max} = 22.5$ kN·m；（x を点Cから左向きにとる $2\text{m} \geq x \geq 0$）：$M_x = -10x^2$ ($x = 2$m で $M_x = -40$ kN·m), $Q_x = 20x$ ($x = 2$m で $Q = 40$ kN)

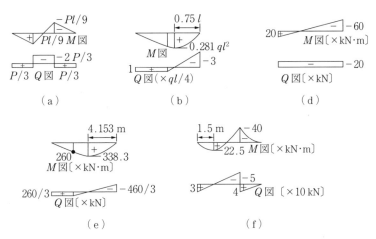

解図.1

[4.7] $(0 \leq x \leq l)$：$M_x = -Px$, $Q_x = -P$；$(l \leq x \leq 2l)$：$M_x = P(2l-3x)$, $Q_x = -3P$。なお，M, Q 図は**解図.2**(a), (b) に示す。

[4.8] M 図は上下の三角形の斜辺が平行となる。M_0 の作用する点Cが点AまたはBにきたとき，下三角形のみ，または上三角形のみとなり M の値は M_0 または $-M_0$ となる。Q 図は全区間で等しくなり，点Cがどこにあっても Q 値は $(-M_0/l)$ となる。

[4.9] 区間AC；片持ばりに同じ。区間AB；点Aから下に x の位置の曲げモーメントは
$$\sum M_{(x)} = M_x - M_A = M_x + Pe = 0 \quad \therefore \quad M_x = -Pe, \quad Q_x = 0 \quad (\textbf{解図.3})$$

[4.10] 図4.9, 4.10を参照し，長さ l の単純ばりで，支点に外力モーメントがないとき $M(x=0) =$

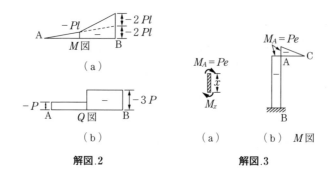

解図.2　　　　　　　　　解図.3

$\int_0^0 Q dx + C_2' = 0$, $\int_0^0 Q dx = 0$ であるから $C_2' = 0$ となる。また, $M(x=l) = 0$　∴ $\int_0^l Q dx = 0$ すなわち Q 図の面積の総和は 0 である。

〔4.11〕（1）図 4.27（a）の集中荷重 P の作用する微小区間の鉛直方向の力のつりあいより

$$\sum V\downarrow = P - Q + (Q + \Delta Q) = 0 \quad \therefore \Delta Q = -P$$

すなわち, P の作用するはりの区間の左右で, せん断力の変化 ΔQ は $-P$, すなわち P だけ減少する。よって図 4.9, 図 4.24 の Q 図が再現できる。また Q 図は M の変化率であるから, 作用荷重 P の前後で M 図は急変する。

図 4.27（a）の点 O のモーメントのつりあいより

$$\sum M_{(O)} = M - (M + \Delta M) + P dx/2 = 0 \quad \therefore \Delta M = P dx/2, \ dx \to 0 \ \text{のとき} \ \Delta M = 0$$

（2）図 4.27（b）の微小物体のつりあいより

$$\sum V\uparrow = Q - (Q + \Delta Q) = 0 \quad \therefore \Delta Q = 0$$

よって, 図 4.17（d）に示すように M_0 の作用する微小区間の前後で, せん断力の変化は生じない。

$$\sum M = M - (M - \Delta M) + M_0 + Q dx = 0 \quad \therefore \Delta M = M_0 + Q dx, \ dx \to 0 \ \text{のとき} \ \Delta M = M_0$$

すなわち, M_0 の作用する点の左右で, M の変化 ΔM は M_0 であり, 図 4.17（c）のようになる。

〔4.12〕はり AB に曲げモーメントが生じないようにするにはどうすればいいか考えよ。

〔4.13〕,〔4.14〕,〔4.15〕省略

〔4.16〕$\phi = (\varepsilon_1 - \varepsilon_2)/h$

〔4.17〕$M_f/M_w \fallingdotseq [\sigma_f I_f/(h/2)]/[\sigma_w I_w/(h/2)] = I_f/I_w = 2.94$。すなわち, フランジによる抵抗モーメントの分担はウェブの約 3 倍（I_f, I_w はそれぞれフランジのみ, ウェブのみの断面 2 次モーメント）。

〔4.18〕（a）断面 1 次モーメント $G_y = \int_0^l x dA = (q_0/l) \int_0^l x^2 dx = q_0 l^2/3$。よって式（4.33）より, 重心位置 $x_0 = G_y/A = (q_0 l^2/3)/(q_0 l/2) = 2l/3$。

（b）図中斜線部の微小三角形の面積 dA, 重心位置 g_0 より $G_x = 2\int_0^{\pi/2} g_0 dA = 2\int_0^{\pi/2} (2/3) r \sin\theta \cdot (r/2)(r d\theta) = 2r^3/3$, 半円の重心位置 $y_0 = G_x/(\pi r^2/2) = 4r/(3\pi)$

〔4.19〕図 4.49：断面は上下対称であるから, 中立軸は断面の中央高さにある。フランジとウェブの断面 2 次モーメントを I_f, I_w とおくと, 式（4.41）および式（4.40）より $I_f = A_f \times 71^3 = 80 \times 2 \times 5041 = 806\,600$, $I_w = t_w h^3/12 = 1.2 \times 140^3/12 = 274\,400$。よって $I = I_f + I_w = 1.081 \times 10^6$ cm^4

〔4.20〕式（4.43b）で $q(x) = q(= \text{一定})$, $d^4v/dx^4 = v''''$ などとおくと $v'''' = q/EI(= \alpha \ \text{とおく})$, $v''' = \alpha x + C_1$, $v'' = (\alpha/2)x^2 + C_1 x + C_2$, $v' = (\alpha/6)x^3 + (C_1/2)x^2 + C_2 x + C_3$, $v = (\alpha/24)x^4 + (C_1/6)x^3 + (C_2/2)x^2 + C_3 x + C_4$。境界条件 $v(0) = 0$ より $C_4 = 0$, $v''(0) = 0$ より $C_2 = 0$, $v''(l) = 0$ より $C_1 = -\alpha l/2$, $v(l) = 0$ より $C_3 = \alpha l^3/24$, よって, $v = (\alpha/24)x^4 - (\alpha l/12)x^3 + (\alpha l^3/24)x = q l^4/(24EI)\{(x/l)^4 - 2(x/l)^3 + (x/l)\}$

〔4.21〕（a）$M = (-q/2)x^2$ よって, $v'' = (q/2EI)x^2 = \alpha x^2 (\alpha = q/(2EI) \ \text{とおく})$。$v' = (\alpha/3)x^3 + C_1$, $v = (\alpha/12)x^4 + C_1 x + C_2$；境界条件：$\theta_B = v'(l) = 0$ より $C_1 = -\alpha l^3/3$, $v_B = v(l) = 0$ より $C_2 = \alpha l^4/4$

∴ $v = ql^4/(24EI)\{(x/l)^4 - 4(x/l) + 3\}$, $v_A = v(x=0) = ql^4/(8EI)$, $\theta_A = v'(x=0) = C_1 = -ql^3/(6EI)$

（b） $M = -Px$ よって，$v'' = (P/EI)x = \beta x$ （$\beta = P/EI$ とおく）。$v' = (\beta/2)x^2 + C_1$, $v = (\beta/6)x^3 + C_1 x + C_2$；境界条件：$\theta_B = v'(l) = 0$ より $C_1 = -\beta l^2/2$, $v_B = v(l) = 0$ より $C_2 = \beta l^3/3$ ∴ $v = Pl^3/(6EI)\{(x/l)^3 - 3(x/l) + 2\}$, $v_A = Pl^3/(3EI)$, $\theta_A = -Pl^2/(2EI)$

〔4.22〕 略

〔4.23〕 式 (4.56) より $v'' = \alpha \Delta t/h (=\beta$ 一定とおく)。$v' = \beta x + C_1$, $v = (\beta/2)x^2 + C_1 x + C_2$；境界条件：$v'(0) = 0$ より $C_1 = 0$, $v(0) = 0$ より $C_2 = 0$, ∴ $v = (\beta/2)x^2$, $v_B = v(l) = \alpha \Delta t l^2/2h$

第 5 章

〔5.1〕 影響線の面積 $S = (l/4) \cdot l/2 = l^2/8$, $M_C = Sq = ql^2/8$ （図 4.12 参照）

〔5.2〕 点 D から左へ x をとると $R_F = x/m_2$, 点 B でのモーメントのつりあいより $R_C = (l+l_2)R_F/l = (l+l_2)x/(lm_2)$ $[x = m_2$ のとき $R_C = (l+l_2)/l]$。よって，影響線は図 5.8（c）のようになる。

〔5.3〕 点 j の左側の鉛直方向力のつりあいにより $Q_j = R_B$, よって，区間 FD の Q_j の影響線は反力 R_B の影響線と同じになる。

〔5.4〕,〔5.5〕 略

第 6 章

〔6.1〕（a）静定，（b）不静定 $n=2$, （c）静定（部材 j をリンクと考えると図（a）と同じ），（d）不安定，（e）1次不静定，（f）3次不静定，（g），（h），（i）いずれも3次不静定。

〔6.2〕 解図.4 より，（a）$3 \times 4 = 12$ 次，（b）1 次，（c）4 次。

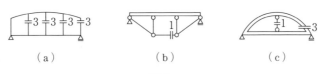

解図.4

索　引

【あ】

アーチ
　arch　4
圧縮部材　4
安全性　7

【い】

板
　plate　4
板構造
　plate structure　4
一般化フックの法則
　generalized Hooke's law　33
移動水圧　5

【う】

腕の長さ
　moment arm　15
埋込み支点
　built in support　23

【え】

影響線縦距　100
遠心荷重
　centrifugal load　5
延性破壊
　ductile failure　8
円筒シェル
　cylindrical shell　5

【お】

応　力
　stress　25
　──の主軸
　　principal axes of stress　42
　──のつりあい式　27
応力度　25
温度変化の影響　5

【か】

外的静定性　116
回転運動　17
回転支点
　rotate support　23
格　点
　panel point　46
格点法　48, 51
下弦材
　lower chord member　46
下降伏点　33

【き】

風荷重
　wind load　5
片持ばり
　cantilever beam　54
　──の M, Q 図　79
活荷重
　live load　5
環境調和性　8
慣性モーメント
　moment of inertia　91
間接載荷　107
完全弾塑性材料
　perfectly elasto-plastic material　35

【き】

危険断面
　critical section　106
機能性　8
強　軸　93
曲弦トラス
　curved chord truss　47
曲　率
　curvature　81
曲率半径
　radius of curvature　81
キングポストトラス
　king post truss　47

【く】

偶　力
　couple of forces　15, 16
グリーン（Green）関数　102

【け】

経済性　8
形状係数
　shape factor　84
桁
　girder　3
ケーブル
　cable　4
ゲルバーばり
　Gerver beam　54, 67
限界状態設計法
　limit state design　122
弦材
　chord member　46

【こ】

合応力
　stress resultant　22

　

構成方程式
　constitutive equation　33
剛性率
　modulus of rigidity　33
拘束次数　114
拘束度
　degree of restraint　23, 114
交番応力
　alternate stress　110
降伏応力
　yield stress　33
降伏条件式
　yield criterion formula　38
降伏モーメント
　yield moment　84
固定支点
　fixed support　23

【さ】

最外縁応力
　extreme fiber stress　57, 83
最大応力
　maximum stress　34
最大せん断応力　42
最大曲げモーメント　105
材料劣化
　material degradation　9
座屈破壊
　buckling failure　9
サン・ブナンのねじり定数　123
残留応力
　residual stress　6
残留ひずみ
　residual strain　34

【し】

シェル
　shell　5
死荷重
　dead load　5
支　間
　span　54
支間長
　span length　54
地震の影響　5
システム
　system　7
支点反力
　support reaction　19
シャイベ　4, 5
弱　軸　93

斜　材		
diagonal member		46
斜張橋		
cable stayed bridge		4
重　心		
center of gravity		89
自由端		
free end		23
自由度		
degree of freedom		114
自由物体		
free body		20, 59
主応力		
principal stress		42
主応力方向		42
主応力面		
principal plane of stress		42
純曲げ区間		69
衝撃荷重		
impact load		5
上弦材		
upper chord member		46
使用性		8
じん性		
toughness		10
振動破壊		
vibrational destruction		9
信頼性		7

【す】

水　圧		5
垂直応力		
normal stress		21, 25
垂直材		
vertical member		46
垂直ひずみ		29
数学的近似		113
図　心		
centroid		89
すべり線		
slip line		35
すべり帯		
slip band		35

【せ】

ぜい性破壊		
brittle failure		9
静定構造		
statically determinate structure		24, 114
静定樹木構造		
statically determinate tree structure		120

制動荷重		
braking load		5
絶対最大曲げモーメント		
absolute maximum bending moment		106
節　点		
node		46
節点法		
nodal point method		48, 51
折板構造		
folded plate structure		4, 5
全塑性モーメント		
full plastic moment		84
せん断応力		
shear stress		21, 25, 57
せん断弾性係数		
shear modulus		33
せん断ひずみ		
shear strain		30
せん断変形		
shear deformation		30
せん断力		57, 59
せん断力図		
shear force diagram		57, 60

【そ】

相反定理		102
塑性断面係数		
plastic modulus of section		84
塑性ヒンジ		
plastic hinge		85

【た】

(縦) 弾性係数		
modulus of elasticity		31
たわみ		
deflection		80
たわみ角		
angle of deflection, slope of deflection		80
たわみ曲線		
deflection curve		80
単純支持		
simple support		54
単純ばり		
simple beam		54, 58
弾性曲線		
elastic curve		80
弾性支点		
elastic support		24
弾性体		
elastic body		31
断面1次モーメント		
geometrical moment of area		84, 88

断面2次極モーメント		
polar moment of inertia of area		123
断面2次モーメント		
geometrical moment of inertia		83, 91
断面係数		
section modulus		83
断面法		
method of cross section		48
断面力		
stress resultant		21, 22, 57
断面力図		60

【ち】

力の三角形		
triangle of forces		13, 52
力の多角形		
polygon of forces		13
力のモーメント		14
中立軸		
neutral axis		81
中立面		
neutral plane		81
直ひずみ		
normal strain		30
直列構造		
series structure		121

【つ】

つりあい条件		
equilibrium condition		17
つりあい状態		
equilibrium		17
つり橋		
suspension bridge		4

【て】

テイラー展開		
Taylor expansion		113
鉄筋コンクリート		
reinforced concrete, RC		35

【と】

独立物体		
independent body		20
トラス		
truss		4
トルク		
torque		123

【な, に】

内的静定性		116
二項定理		113

二軸応力状態
　biaxial stress state　38

【ね】

ねじり剛性
　torsional rigidity　123
ねじり定数　123
ねじりモーメント
　torsional moment　123
ねじり率
　torsional ratio, angle of twist per unit length　123

【は】

波圧　5
ハウトラス
　Howe truss　47
柱
　column　4
ばね支持
　spring support　24
はり
　beam　3, 54
張出しばり
　overhanging beam　54

【ひ】

美観　8
ひずみ
　strain　29
　――の適合条件式
　compatibility condition of strain　30
ひずみ硬化
　strain hardening　34
疲労破壊
　fatigue fracture　9
ピン支持
　pinned support　23
ヒンジ支点
　hinged support　23
ヒンジ数　118

【ふ】

不安定構造
　unstable structure　115
複合破壊
　maltiple fracture　9

0.2％耐力
　0.2% offset strength　34
2次応力
　secondary stress　46

腹材
　web member　46
部材力
　member force　48
不静定構造
　statically indeterminate structure　24, 115
不静定次数
　degree of statically indeterminateness　115
不静定切断法
　statically indeterminate cutting method　119
フックの法則
　Hooke's law　31
不変量
　invariant　42
プラットトラス
　Pratt truss　47

【へ】

平行運動　17
平面保持の仮定　81
並列構造
　parallel structure　121
ベルヌーイ・オイラー
　（Bernoulli-Euler）の仮定　81
変形能
　deformation capacity　122
変形能力
　deformation capacity　10

【ほ】

ポアソン数
　Poisson's number　32
ポアソン比
　Poisson's ratio　32
骨組構造
　frames　4

【ま】

マクローリン展開
　Maclaurin expansion　113
曲げ応力
　bending stress　26, 57, 82
曲げ応力度　82
曲げ剛性
　flexural rigidity　83

M-ϕ 関係　83
M 図　72
　――の頂点の高さ　75
Q 図　72

曲げモーメント
　bending moment　57, 58
　――の最大値　78
曲げモーメント図
　bending moment diagram　57, 60

【も】

モーメント
　moment　14
モーメント荷重
　moment load　17, 73
モーメント法
　moment method　49
モールの応力円
　Mohr's stress circle　37, 39

【や，ゆ，よ】

ヤング係数
　Young's modulus　31, 34
雪荷重
　snow load　5
余剰耐力
　redundant strength　122

【ら】

ラーメン
　Rahmen　4

【り】

理想弾塑性体
　ideally elasto-plastic body　35
リューダース線
　Lüder's line　35
リューダース帯
　Lüder's band　35
リンク
　link　23

【ろ】

ロープ法　71
ローラー支点
　roller support　23

【わ】

ワレントラス
　Warren truss　47

$\sin\theta = \theta$，$\cos\theta = 1$ の誤差　113

― 著者略歴 ―

1966 年	防衛大学校土木工学科卒業
1972 年	名古屋大学大学院博士課程修了
1974 年	工学博士（名古屋大学）
	愛知工業大学講師（土木工学科）
	カナダ・アルバータ州立大学研究員
1976 年	愛知工業大学助教授
1989 年	愛知工業大学教授
	（1998 年　耐震実験センター設立，センター長）
2013 年	愛知工業大学名誉教授
2013 年	青木工学研究所所長
	現在に至る

例題で学ぶ 構造力学 I
── 静定編 ──
Structural Mechanics ── Learning from Exercise ──
── Statically Determinate Structure ──

　　　　　　　　　　　　　　　　　　　　　　　Ⓒ Tetsuhiko Aoki　2015

2015 年 12 月 17 日　初版第 1 刷発行　　　　　　　　　　　　★

検印省略	著　者　青木　徹彦（あおき　てつひこ） 発行者　株式会社　コロナ社 　　　　代表者　牛来真也 印刷所　新日本印刷株式会社

112-0011　東京都文京区千石 4-46-10

発行所　株式会社　コロナ社
CORONA PUBLISHING CO., LTD.
Tokyo　Japan
振替 00140-8-14844・電話 (03) 3941-3131 (代)
ホームページ http://www.coronasha.co.jp

ISBN 978-4-339-05247-3　（森岡）　　　（製本：SBC）
Printed in Japan

本書のコピー，スキャン，デジタル化等の無断複製・転載は著作権法上での例外を除き禁じられております。購入者以外の第三者による本書の電子データ化及び電子書籍化は，いかなる場合も認めておりません。

落丁・乱丁本はお取替えいたします

土木・環境系コアテキストシリーズ

(各巻A5判)

■編集委員長　日下部　治
■編集委員　　小林　潔司・道奥　康治・山本　和夫・依田　照彦

配本順				頁	本体
共通・基礎科目分野					
A-1	(第9回)	土木・環境系の力学	斉木　功 著	208	2600円
A-2	(第10回)	土木・環境系の数学 —数学の基礎から計算・情報への応用—	堀　宗朗 市村　強 共著	188	2400円
A-3	(第13回)	土木・環境系の国際人英語	井合　進 R. Scott Steedman 共著	206	2600円
A-4		土木・環境系の技術者倫理	藤原　章正 木村　定雄 共著		
土木材料・構造工学分野					
B-1	(第3回)	構造力学	野村　卓史 著	240	3000円
B-2	(第19回)	土木材料学	中村　聖三 奥松　俊博 共著	192	2400円
B-3	(第7回)	コンクリート構造学	宇治　公隆 著	240	3000円
B-4	(第4回)	鋼構造学	舘石　和雄 著	240	3000円
B-5		構造設計論	佐藤　尚次 香月　智 共著		
地盤工学分野					
C-1		応用地質学	谷　和夫 著		
C-2	(第6回)	地盤力学	中野　正樹 著	192	2400円
C-3	(第2回)	地盤工学	髙橋　章浩 著	222	2800円
C-4		環境地盤工学	勝見　武 乾　徹 共著		
水工・水理学分野					
D-1	(第11回)	水理学	竹原　幸生 著	204	2600円
D-2	(第5回)	水文学	風間　聡 著	176	2200円
D-3	(第18回)	河川工学	竹林　洋史 著	200	2500円
D-4	(第14回)	沿岸域工学	川崎　浩司 著	218	2800円
土木計画学・交通工学分野					
E-1	(第17回)	土木計画学	奥村　誠 著	204	2600円
E-2	(第20回)	都市・地域計画学	谷下　雅義 著	236	2700円
E-3	(第12回)	交通計画学	金子　雄一郎 著	238	3000円
E-4		景観工学	川﨑　雅史 久保田　善明 共著		
E-5	(第16回)	空間情報学	須﨑　純一 畑山　満則 共著	236	3000円
E-6	(第1回)	プロジェクトマネジメント	大津　宏康 著	186	2400円
E-7	(第15回)	公共事業評価のための経済学	石倉　智樹 横松　宗太 共著	238	2900円
環境システム分野					
F-1		水環境工学	長岡　裕 著		
F-2	(第8回)	大気環境工学	川上　智規 著	188	2400円
F-3		環境生態学	西村　修 山田　一裕 中野　典 共著		
F-4		廃棄物管理学	島岡　隆行 中山　裕文 共著		
F-5		環境法政策学	織　朱實 著		

定価は本体価格+税です。
定価は変更されることがありますのでご了承下さい。